"A RESPEITO DA TEORIA DA ETERNIDADE

A DESPEITO DA BREVIDADE

DA EXISTÊNCIA!"

J.F.TORRES

INTRODUÇÃO

"SEMPRE ACHEI QUE EXISTIAM OUTROS MUNDOS E OUTRAS CIVILIZAÇÕES NO ESPAÇO!

HOJE, APÓS UMA VINTENA DE ANOS, ACREDITO QUE SERES VINDOS DO ESPAÇO VISITARAM NOSSA CIVILIZAÇÃO NO PASSADO E CONTINUAM A VISITÁ-LA NO PRESENTE!

ACREDITO TAMBÉM QUE ANTIGAS CIVILIZAÇÕES FORAM CRIADAS POR ESSES VISITANTES EXTRATERRESTRES!

TENTAREI PROVAR O QUE DIGO, MESMO QUE PARA TANTO, ME SEJA

PRECISO RETORNAR AO FUNDO DA NOITE DOS TEMPOS!"

(Maurice Chatellain – "Em Busca dos Nossos Antepassados Cósmicos)

OR ESSA INTRODUÇÃO, EU COMPREI O LIVRO!

IQUEI IMPRESSIONADO COM A CORAGEM DO CIENTISTA (TRABALHADOR DA NASA, QUE ESTEVE ENVOLVIDO NA CONSTRUÇÃO DA NAVE ESPACIAL APOLO XI), EM EXPRESSAR ABERTAMENTE SUAS IDEIAS, SEM RECEIOS DE ADMOESTAÇÕES, AINDA PORQUE, TAIS ELUCIDAÇÕES, VINHAM JUSTAMENTE DE ENCONTRO À MINHA MANEIRA DE PENSAR À ÉPOCA (MAIS DE 30 ANOS ATRÁS) E CONTINUAM

FAZENDO PARTE DE MINHA MANEIRA DE PENSAR ATÉ HOJE.

BASEADO EM SIMILAR PONTO DE VISTA, RESOLVI CORROBORAR DO MEU MODO, DO MEU JEITO A MINHA MANEIRA DE ENCARAR A VIDA, A MINHA FORMA DE LIDAR COM O MUNDO E MINHA COMPREENSÃO DA CONTINUIDADE DA VIDA E A MINHA PERCEPÇÃO DA ETERNIDADE DA EXISTÊNCIA.

PORQUE, É PERFEITAMENTE POSSÍVEL PERMANECER CALADO POR ALGUM TEMPO DURANTE UM CERTO PERÍODO.

É ATÉ PROVÁVEL E MESMO COMPREENSÍVEL FICAR IMPASSÍVEL ENQUANTO O MUNDO DESABA.

MAS, ACEITAR O ERRADO COMO CERTO DURANTE TODA A EXISTÊNCIA E ACREDITAR QUE O HOMEM FOI CRIADO A PARTIR DE UMA EXPLOSÃO, SEM MAIORES IMPLICAÇÕES, "SIMPLISMENTE ASSIM", PARA MIM, SE TORNOU INACEITÁVEL!

E COMO NADA NINGUÉM MAIS FALA QUE ME EMOCIONE, FALO EU... MESMO QUE TAIS PALAVRAS SE PERCAM "NO ESCURO DA NOITE DOS TEMPOS", MAS, EU NÃO CALEI!

O AUTOR.

PREFÁCIO

CAPÍTULO PRIMEIRO - A VIDA LONGA E A VIDA BREVE (conceitos)

CAPÍTULO SEGUNDO - BRASIL, CORAÇÃO DA TERRA, REFUGO DO MUNDO?

CAPÍTULO TERCEIRO - "UM LIMITE PARA PITÁGORAS!"

CAPÍTULO QUARTO - A QUEM INTERESSA DESCARTAR A REENCARNAÇÃO!

CAPÍTULO QUINTO - "ERRADICA COMPLETAMENTE O CRIME E PODE PRESERVAR OS OLHOS AZUIS(?!)"

CAPÍTULO SEXTO - OUTROS TANTOS FIZERAM MUITO MAIS E MELHOR!

CAPÍTULO SÉTIMO - O MESTRE QUE TANTO ANSEIO... O DEUS QUE TANTO PRECISO!

CAPÍTULO OITAVO - A VIDA QUE BEM QUISER E MELHOR CONVIER!

CAPÍTULO NONO - OS RICOS TAMBÉM MORREM!

CAPÍTULO DÉCIMO - A VISÃO DOS SUICIDAS E O ANSEIO DOS MILIONÁRIOS!

CAPÍTULO DÉCIMO PRIMEIRO - EU NÃO ACREDITAVA...

CAPÍTULO DÉCIMO SEGUNDO - "FINALMENTE, VENCER NA VIDA!"

CAPÍTULO DÉCIMO TERCEIRO - A MISSÃO PECULIAR DE CADA UM!

CAPÍTULO DÉCIMO QUARTO - O FILHO DO HOMEM TINHA RAZÃO QUANTO A NADA ESCREVER!

CAPÍTULO DÉCIMO QUINTO - "BASTANTE OBSERVAR AS ENTRELINHAS!"

CAPÍTULO DÉCIMO SEXTO - AS ESTOCADAS DA PAIXÃO, A TRAIÇÃO, O PERDÃO!

CAPÍTULO DÉCIMO SÉTIMO - AINDA QUE EU NÃO O QUISESSE!

CAPÍTULO DÉCIMO OITAVO - IMPERMEABILIDADE MENTAL, FÍSICA, ESPIRITUAL?

CAPÍTULO DEZENOVE - AS INFAMES OPORTUNIDADES DE APRENDER A CRESCER!

CAPÍTULO VINTE - O SEXO MAIS QUE O CRIME!

CAPÍTULO VINTE E UM - O QUE DIFERENCIA O HOMEM DO ANIMAL E O ANIMAL DO HOMEM!

CAPÍTULO VINTE E UM - RESPEITO DA PREDOMINÂNCIA DO CORPO EM PREJUÍZO DO ESPIRITO!

CAPÍTULO VINTE E DOIS - **AINDA SOBRE O CULTO AO CORPO!**

CAPÍTULO VINTE E TRES - **AINDA SOBRE O FENÔMENO DA MORTE PROVOCADA!**

CAPÍTULO VINTE E QUATRO - **PIOR QUE A FORTUNA; À FAMA!**

CAPÍTULO VINTE E CINCO - **COMPLETAMENTE PERDIDO NO TEMPO E NO ESPAÇO!**

CAPÍTULO VINTE E SEIS - **A GRANDE TRAGÉDIA, PODE SER A MELHOR DAS ALEGRIAS!**

CAPÍTULO VINTE E SETE - **A EQUIDISTÂNCIA DA CREDIBILIDADE E DÚVIDA!**

CAPÍTULO VINTE E OITO - **QUANDO JÁ SE SABE AS**

RESPOSTAS;

REDUZ-SE A COMPLEXIDADE DAS PERGUNTAS!

CAPÍTULO VINTE E NOVE - A OBRA OU O CRIADOR?!

CAPÍTULO PRIMEIRO

"A VIDA LONGA E A VIDA BREVE!"

(conceitos)

O conceito de uma vida breve e a respeito de uma longa vida, está geralmente associado a qualidade de vida que se tem!

Em suma, o sentimento de aceitação pela vida ou rejeição, é inversamente proporcional as "regalias" que se tem ou a infelicidade que se possui!

Assim, a vida se arrasta dificultosamente para os pobres e fracos e passa rápido como um raio para os chamados agraciados da sorte!

Com efeito, um vida de algumas poucas décadas, 4, 5 talvez, parecem se estender e ser longa como se se vivesse mais de 100 anos, enquanto que, ao contrário, aos milionários, uma vida de 100 anos, parece ser "a jato!"

No entanto, há exceção à regra!

À exceção, primeiramente, existe quando da resignação do pobre (bastante raro) a outra, está quando da compreensão do rico.

E quanto aquele, padece de algo não rotineiramente comum em seu meio, insatisfação com a fortuna, tédio ou o que constrange todo mundo (pobres e ricos), alguma doença!

Cada vez, que me coloco a pensar sobre os fenômenos que envolvem a existência de cada ser e a vida de cada um...

Cada vez, forçosamente, sou levado a aceitar o fato (eu) de que tanto a chamada vida longa, tanto quanto a chamada vida curta, são muito insignificantes perante a capacidade de "anseios" de uma alma e sobre o desejo de um espírito!

Desde o primeiro dia em que tomei consciência de minha existência... NUNCA ACREDITEI NA MORTE!

Quer dizer, nunca acreditei no sentido que o mundo e a maioria das pessoas dão ao chamado fenômeno MORTE!

Cujo sentido, aniquilação, término, extinção, final, etc., não condiz mais com os mais profundos desejos das pessoas, a lógica da existência, as inquirições das melhores mentes.

E acima de tudo, que não condiz com nenhuma das palavras do "Homem Espacial", cujo nome, deixou entre nós como sendo àquele que veio trazer a verdade, o amor, a compreensão, a paz, a luz e acima de tudo o conceito espacial, em cujas semelhantes palavras, Jesus asseverou:

"Há muitas moradas na casa do meu Pai, se assim não fosse eu já vos teria dito!"

E eu como aspirante à cristandade, não acredito nos pastores, acredito nele!

CAPÍTULO SEGUNDO

"BRASIL, CORAÇÃO DA TERRA...

... REFUGO DO MUNDO!"

Haja fé no homem... (brasileiro).

Há algum tempo atrás, diga-se há muito tempo atrás, li um livro dos anais da crença em que ainda não tão assiduamente frequento, o qual em sábias e dóceis palavras se referia ao Brasil, como Pátria do Evangelho!

Acontece que, existe um período de estagnação na vida do ser humano, pelo menos foi na minha, cujo senso crítico, se encontra como que prejudicado!

Foi assim, que à época sem concordar muito com o título e com o conteúdo, aceitei!

Hoje, já não mais concordo. Nem sem acreditar na vida pós morte, nem mesmo acreditando na anterioridade da alma, minha conclusão é bastante diversa daquele que teve o nobre autor!

Brasil, é um local de sincretismo religioso, onde milhares delas proliferam como os grãos de areia na praia ou no deserto do Saara!

Não, o que existe não é a proliferação do Evangelho e sim uma orda de aproveitadores, que aproveitando-se da boa fé e sofrimento da população brasileira, estão ganhando milhões com sua fé!

Sendo assim, não posso concordar com frase do tipo: "Brasil, coração do mundo, pátria do Evangelho!"

O que o brasileiro fez para ser melhor?

Dança samba melhor?

Tem o melhor futebol? Que futebol?

Não se envolve com política?

Por que uma Nação onde tudo é motivo de corrupção até entre as mínimas coisas pode ser muito melhor que um: Paraguai, que uma Argentina, Bolívia, com os Estados Unidos, algum país do Oriente Médio, da Oceania, do continente Asiático ou Europeu?!

Enquanto essa concepção prevalecer os políticos não vão parar de roubar e povo não vai parar de sofrer!

Na verdade essa crendice é igual àquela outra que perdurou por séculos consecutivos, a qual afirmava descaradamente, que a Terra, esse mísero grão de areia, era o centro do Universo, comumente conhecida como Teoria do Antropocentrismo, cujos meandros foram abalados e destruídos pelo Astrônomo Galileu Galilei, este, depois teve que "pedir arrego" ao Papa, para tostar na fogueira!

Ora observar o Brasil, às claras ou pela luz de reencarnação, vida pós morte ou anterioridade da alma, dá simplesmente na mesma: tudo que é ruim veio ter aqui desde o início da tal descoberta!

E a verdade quase sempre é muito diversa do que aquilo que gostaríamos de saber, ouvir ou compreender!

O Brasil, para algumas poucas dúzias de pessoas, na razão de alguns bilhões, pode lá ser considerado, Pátria da "Boa

Nova", ou Evangelho, no entanto, para a grande maioria, os problemas são verdadeiramente novos, se repetindo desde algum tempo antigo, velho!

Aquela minha ingenuidade... acabou!

Como poderia ser o Brasil, pátria do Evangelho, quando o antro de corrupção montado por alguns indivíduos gananciosos, cujo montante em valores, superar em muito o PIB de muitos países do Primeiro Mundo?

Que Pátria do Evangelho é essa aonde predomina:

A desigualdade social, o desemprego, a fome, a miséria, a ignorância, o materialismo, o nazismo, o racismo?

De onde foi que o autor tirou aquela ideia?

Pergunte ao Silvio Santos o que ele acha do Brasil, e com certeza ele vai responder:

É um país de paz, amor, dignidade, justiça e acima de tudo igualdade! (entre os milionários).

Talvez tenha sido nesse sentido que o autor da obra tenha se expressado!

Coração do mundo, pátria do Evangelho, para todos aqueles que possui conta bancária acima de dez dígitos em dólar...

E como um membro ativo da populaça, eu concordaria em altos brados: "aí sim, hein!"

CAPÍTULO TERCEIRO

"UM LIMITE PARA PITÁGORAS*!"

Passeando lá pelo Egito em algum ponto de 571 a.C. e 495 a.C., Pitágoras, observando aquelas pirâmides em forma de algum objeto geométrico (sabe-se lá qual o nome que dariam na época), elaborou sua Teoria sobre o Triângulo Retângulo que todo mundo que frequentou alguns anos de escola Secundária conhecem bem!

"A soma dos catetos é igual ao quadrado da Hipotenusa!" Eis, á célebre explicação sobre o Teorema!

Porém, Pitágoras não parou somente aí!

Como bom observador que o era, não contentando-se somente com o que se via e se palpava, acreditando haver algo mais que matéria bruta, protagonizou outra Teoria sobre a Metempsicose!

Ou seja, sobre a transmigração e migração da alma, do espírito humano para outros corpos!

Outrossim, Pitágoras, nesse caso, pecou pelo excesso, assim, como um filme do estúdio Californiano, já muito recentemente, sobre a encarnação de um espírito (no caso, o pai de um menino), num "boneco de neve!"

Quando a fantasia e a criatividade ousar ultrapassar a lógica é necessário apelar ao senso crítico e conceito de realidade!

É claro, que tudo isso, só pode significar alguma coisa, para aqueles que creem em algo mais que: o comer, beber, dormir, curtir, morrer e é claro, procriar!

Para uma boa parte da população brasileira e mesmo mundial, são palavras mortas, sem sentido ou significado! Estão satisfeitos com seu mundo, sua ordem política, sua maldade, seus assassinatos, suas loucuras e ainda querem fazer crer e acreditar que a Terra é um paraíso, que não existe vida no Universo, tudo surgiu a partir do "Big Bang!" e qualquer outra coisa que fuja desse padrão não faz sentido!

Outra tanta quantidade de pessoas preferem ainda, ficar ouvindo os "mercadores" do Evangelho, com aquela voz de vendedores de consórcios, os quais, sob sua "própria autorização" (assim como asseverou JEREMIAS em os Falsos Cristos e os Falsos Profetas), como se esses fossem os portadores da última palavra ou da palavra Divina, ouça bem:

"NÃO O SÃO!"

Nem o falecido David Miranda, Nem Edir Macedo, nem Valdemiro Santiago (o apóstolo. Apostolo de quem? Apostolo do que?) e outros tantos mais, possuem o direito de monopolizar aquilo que eles chamam de palavra Divina!

Porém, voltando a Pitágoras e sua teoria de Metempsicose, faltou algo que os povos modernos, possuem em abundância, e tanto fazia falta à época: tecnologia!

Talvez, com um pouco dessa, o sábio grego, teria tomado outra postura em relação a vida e a morte e sua consequente compreensão sobre Encarnação.

Mas, hoje em dia, existe algo bastante grave no tocante as pessoas que acreditam piamente nesse teoria: muitos permanecem somente na teoria, não indo além do caminho da prática!

A certeza sobre a Reencarnação é o elemento básico, fomentador, para que o homem e a mulher, sejam menos egoístas, menos prepotentes, menos apegados aos bens materiais, etc.

No que, forçosamente chega-se a conclusão, que na somatória geral, entre aqueles que em nada acreditam e aqueles outros que possuem essa crença (na reencarnação) formada, a um severo "empate!"

Aqueles, que em nada acreditam, agem assim por não acreditar e nem possuem, a priori, nenhum comprometimento, devido sua ignorância, os outros, apesar de saberem perfeitamente que tudo que se faz, aqui se paga e parte fica para ser paga em outros "sítios" muito menos agradáveis, continuam nem forças para tomar uma postura de verdadeira fé e de verdadeiros crentes nos efeitos da continuidade da vida!

Ele, o sábio grego, fez muito, quebrou o tabu!

No entanto, em sua crendice, tinha certeza e achava normal, a alma de um ser humano animar a de um animal e vice-versa, o que é incompatível com as atuais observações, apreciações e estudos!

É certo, que existe pessoas que estão muito abaixo da média humana e se portam com instinto selvagem, assemelhando-se em muito a ferocidade dos grande felinos, dos répteis e dos bichos rastejantes!

Mas, são seres humanos, já progrediram, estão muito além da escala animal!

Observe-se, por exemplo, o belo animal que é o leão!

Observe-o bem!

Sua beleza é magistral no reino animal: sua juba, seu mugido, seu porte, etc...

Mas, olhando-o mais de perto e o analisando, trata-se de um monstro selvagem, cujos olhos cor de âmbar quando fixam a presa, são praticamente destituídos de emoção, sua ferocidade em estraçalhar a presa é brutal, seu estômago, com certeza possui revestimento e enzima, bastante diferente do que existe no dos seres humanos!

Ainda porque, hoje acredita-se que o homem não deveria mais ser carnívoro e tanto seus dentes, quando as suas enzimas estomacais, provam isso, mas, ainda o seu instinto, ainda advindo dessas espécies, em particular dos Chipanzés, (que é um apreciador de carne fresca, também), o impele a comer, a matar e arduamente ansiar por franco, boi, vaca, porco, javali, e etc.

Assim, desconhecedor de alguns pormenores sobre os animais, Pitágoras, acreditava que um poeta numa encarnação, poderia vir na outra como um Hipopótamo; um matemático, se transformar num asno numa outra!

Um professor se transformar num burro na outra encarnação, uma bela dama, virar uma anaconda no futuro e com efeito uma hiena, se transformar na outra encarnação em

Presidente de um país, um Ministro de Governo ou General do Exército!

Dá para perceber a incoerência do grande sábio?!

Foi assim, que talvez baseados em semelhante teoria, que Hollywood, transformou em filme e fez nascer num boneco frágil de neve, a alma daquele que um dia foi pai da criança e marido da mãe do filho!

Isso tudo, chega mesmo à beirar a fantasia, o extraordinário, o magistral, etc., quando tudo é tão simples e tudo muito normal!

Sem limites, Pitágoras, protagonizou uma maluca teoria, mas, sem dúvida, fora a responsável, por todas as outras que surgiriam muito tempo depois, como por exemplo, o Cristianismo, o Espiritismo e a Teosofia.

*- PITÁGORAS – Filósofo e Matemático Grego, Nascido em 571 a.C e Falecido provavelmente entre 496 ou 495 a.C.

CAPÍTULO QUARTO

A QUEM INTERESSA DESCARTAR A REENCARNAÇÃO!

Os primeiros interessados a que não exista preexistência e pós-existência da alma, são os juízes de direito!

Eles encabeçam a lista!

Abaixo vem outros, mas, estão no topo!

Admitindo-se a continuidade da existência, os juízes, sabem que perderão a hegemonia e assim como julgaram os outros, bem ou mal, também serão julgados!

Por isso, para eles assim como para uma outra infinidade de ricos e milionários e políticos não é negócio falar-se sobre esse tema, sem colocar uma série de empecilhos no caminho!

Assim, as inquirições se sucedem: "não, não é possível! Jamais, isso não! Não existe! Tudo se resume em uma só existência!"

Particularmente, se eu não viesse da classe mais desprestigiada o possível, tivesse nascido em berço de ouro, minha linhagem fosse nobre, confesso que teria grande dificuldade em aceitar a realidade dos fatos, foi por isso, que Jesus falou: "mais fácil um camelo passar por um fundo de uma agulha do que um rico entrar no reino dos céus!"

O homem não está preparado para ser amado, possuir riqueza, etc., não possui visão, sua estreiteza de mente, o leva a dar sempre um passo atrás, toda vez que tenta dar um passo a frente!

Imagine, por exemplo, um juiz, aceitando o fato, de que será julgado, pela criatura mais "vil" que condenou ao fundo do cárcere, se em sua decisão predominou algo do seu interesse pessoal!

Como vai se sentir?!

Por outro lado, assim como qualquer outro ser humano, "comum", se comportou sem interesse pessoal não terá do que temer!

Assim como nada terá a temer o bom policial, o bom político, o bom homem, o bom padre, o bom empresário, o bom bispo, o bom papa, etc..

A cada um, segundo suas obras!

A unicidade, desequilibraria tudo, a reencarnação acerta todos os pontos obscuros da existência, justifica a dor, exemplifica a vida, dá inúmeras oportunidades, esclarecer as dúvidas, ameniza a tristeza, mitiga á mágoa, explica a solidão, justifica a união e dá um sentido lógico ao futuro e a oração!

Ao homem e a mulher honestos cumpridores de seus deveres, são sem dúvida, os mais beneficiados com essa verdade!

Isso ainda no âmbito de crendice e verdade, uma vez que ainda é preciso falar sobre o tema, como se fosse algo sobrenatural, quando na verdade, é algo completamente normal, quando se admite, uma vida humana, sem um curto e rápido final!

Mas, senhores juízes, aceitam um conselho de um mísero mortal?!

Pois bem, todo mundo é igual perante a Lei Divina!

CAPÍTULO QUINTO

"ERRADICA COMPLETAMENTE O CRIME E PODE PRESERVAR OS OLHOS AZUIS(?!)"

Observando-a atentamente e agindo conforme suas "regras", ela (a reencarnação), pode fazer os pequenos e os grandes criminosos repensarem sua vida!

Pode também (eu disse, pode), preservar os olhos azuis daqueles que ainda os tem!

Não somente os olhos azuis, mas, o "sangue azul" também!

Essa lei, atinge a todos indistintamente!

Advogado, para tentar reduzir a pena?

Existe sim: a consciência de cada um!

Assim, infelizmente o "sangue azul" pode vir com sangue vermelho e de olhos azuis, pode passar a nem mais os ter!

O ladrão que assassinou, virá numa opaca cadeira de roda e muitos poderão ser vistos sem resignação, revoltados com sua situação!

Alguns mancos, outros aleijados, mudos, gagos, disformes, leprosos, tuberculosos, asmáticos, cancerosos, etc., e isso, numa perspectiva de futuro, o que se vê hoje, ainda é reflexo dos comportamentos do passado!

Roubou, será roubado!

Matou será assassinado!

Discriminou vai ser discriminado, vai nascer no Zaire, na Zâmbia, no Zimbábue, até aprender a respeitar o semelhante!

Quando as tendências sexuais, que fogem completamente da justiça da Reencarnação, no que tange a um chamado 3º

Sexo, vai ter que ser corrigido isso, talvez num outro mundo!

Pegam o "gancho" e se colocam entre os discriminados, renegados, desprezados!

Ora, uma coisa é o sujeito vir pobre, preto, "maluco", etc., outra coisa é o indivíduo possuir a tendência de ser mulher e esta a tendência de ser homem. São todos meus amigos, os amo igualmente e até mais, mas, verdade tem que ser dita: não existe terceiro sexo!

Veja-se, por exemplo, os olhos azuis do Hitler, se viesse nascer no Brasil, qual seria a cor de seus olhos, levando-se em consideração o ódio que nutria, por judeus, indígenas e negros?!

Levando-se em consideração um Poder Superior que rege nossos atos, nossas ações e nossas atitudes, qual seria ainda sua condição!

Portanto, para preservar os olhos azuis, é preciso ter cuidado com eles!

Para preservar o patrimônio próprio, é preciso não roubar o patrimônio do semelhante!

Para gozar de fidelidade esposa e de esposa, é preciso não trair os cônjuges!

E assim sucessivamente e compreendendo semelhante enigma, inevitavelmente conclui-se não haver injustiça!

E isso não é conformismo, não!

É simplesmente observar em torno o dia a dia, o passado, o futuro, etc., porque a vida, por mais sofrida que seja, por mais longa que se apresente é muito curta, para um homem e uma mulher se expandir o quanto poderia e o quanto deveria!

Quando o pensamento sobre a espiritualidade, se tornar tão claro quanto aquele voltado para o vício e materialidade, tudo será muito mais fácil!

Assim, o criminoso quando for praticar tal ato, imaginar que aquela vítima será ele amanhã, o que fará?

Quando o político astuto for desviar verbas para suas contas e imaginar que poderá amargar umas quatro ou cinco existências, na porta do metrô, estendendo as mãos aos transeuntes, deverá repensar melhor seus atos!

E assim, os empresários convictos e ansiosos para preservarem seus olhos azuis, pararão de torcer o nariz, quando um preto, ou preta se lhe cruze o caminho, quando imaginar que um desses poderá ser o pai ou a mãe dele amanhã e ainda pior...

Imaginar que esses desgraçados que acabou de menosprezar, foram de fato seu pai ou sua mãe!

CAPÍTULO SEXTO

OUTROS TANTOS FIZERAM MUITO MAIS E MELHOR!

Na Ciência, na Educação, na Religião, na Política, Literatura, etc., todos esses seguimentos tiveram lá seus ícones!

Contudo, não é porque outros tantos foram exímios, que ainda não resta algum ponto a ser discutido, elucidado!

Mesmo porque cada um tem uma maneira de interpretar uma observação, assim como um e outro possui uma maneira peculiar de expor seu ponto de vista!

Se não fosse assim, a Filosofia teria parado em Sócrates, por exemplo e a Religião, parado em Jesus!

Pelo que me consta, eles o teriam dito...

Cada um possui o seu valor!

Não que eu acredite que contribua muito para a melhoria da Terra, a Constituição do Planeta e formação dos minerais, mas, com minha participação sofrível na vida, eu aceito minha condição de mediocridade, pois, acredito que cada um possui lá sua importância.

Várias vezes, quando a revolta invadiu meus ideais, cada vez que a vontade desistir tentou se apoderar de mim e eu observando em volta todos esses seres incautos, resolvi continuar (?!)

Ora, levando-se em consideração que seres tão maldosos, conseguem um lugar ao Sol, e são merecedores da graça Divina, ainda que não tenham a mínima consciência disso, são esses que levam a reconsiderar minha existência e tentar ser feliz...

No passado, cada vez que eu olhava a desigualdade entre os seres, a miséria, a fome e o vício, eu me desesperava e pensava não haver justiça, quando na verdade, hoje, eu sei que é justamente o oposto disso!

Cada uma dessas criaturas errantes, corruptas e inconsequentes, são a "esperança" de que DEUS ainda acredita no mundo!

E mais, uma única palavra colocada de acordo e a propósito, pode fazer a diferença, por isso, eu persisto apesar de tantos obstáculos em contrário!

Não consigo observar esses pobres mendigos jogados à margem, o vício preponderando, a virtude sendo ofuscada, o mal prosperando, etc., sem que automaticamente meus pensamentos, buscarem auxílio em parte naquilo que passou e em partes naquilo que será ou poderá ser!

A dúvida surge justamente, do desdém que se tem dado às coisas Divinas e isso sempre me incomodou!

Em outra oportunidade já falei sobre isso, assim como falarei em outras!

Desde que eu tinha 12 anos, observando a desigualdade desse mundo, as dificuldades dessa vida, que me vinham à mente a frase: "de onde viemos, para onde vamos?!"

Nenhuma religião à época me respondeu, porém, muito tempo depois eu encontrei a resposta!

"Não é porque DEUS quer", que segundo os pastores, a vida se apresenta tão miserável, não!

É o homem que planta e depois tem que colher o fruto de sua "pomar!"

E o pior, apesar de se colher frutos amargos, pela plantação, pelo menos aqui no Brasil, dá para se imaginar que espécime de frutos essa gente que comanda a política dessa país, vai colher...

No entanto, é bastante claro: "cada homem possui um dever a cumprir!"

Talvez, os políticos brasileiros, venham com a "missão" adversa de dilapidar o patrimônio da União, para servirem de uma espécie de instrumento e meio de provação para esse povo, que tanto anseia por justiça, salário mínimo de gente, concórdia, segurança e paz!

Contudo não perdem por esperar, e quisera DEUS, que Pitágoras estivesse completamente correto, e fosse possível contemplar o nascimento desses seres em corpos de diversos animais: crocodilos, cascavéis, antílopes, gnus, veados (para essas espécie, haveria briga para encarnar), elefantes, rinocerontes, etc.

E fosse possível ainda, a Nação brasileira, saber exatamente o que fizeram e quanto o quanto aprontaram, mas... estava tudo na cabeça do sábio! Porém, sem ser assim, tudo pode ainda ser muito pior!

Sob um âmbito geral, entretanto, não é plausível as pessoas viverem somente para o hoje, seja rico ou seja pobre e ao que tudo indica é justamente o que está acontecendo e isso é preciso mudar!

Nesse aspecto de levar em consideração REAL o passando, compreender o presente e ansiar pelo futuro, as pessoas serão na pior das hipóteses, muito menos infelizes, inclusive erradicando de uma vez, essa onda crescente de suicídio, que parece obliterar os anseios e as esperanças!

Mesmo porque, tudo pode mudar repentinamente!

Ninguém sendo sabedor do que vai ocorrer no próximo minuto, deve perder a vontade de viver, tudo muda: o tempo, os governos, os corpos, a vida, etc.

O homem e a mulher, precisam acabar de uma vez por todas as orações visando somente o bem estar material: a compra de um carro novo, uma casa gigantesca na praia, um salário astronômico, etc.

E acima de tudo, precisam parar de endeusar esses seres que se intitulam profetas, pois, mais não são que farsantes e falsários, pregando a fé numa só existência e esperança nos cofres repletos!

CAPÍTULO SÉTIMO

O MESTRE QUE TANTO ANSEIO...

O DEUS QUE TANTO PRECISO!

O Mestre que tanto anseio para minha vida, sem dúvida não é aquele que estava em uma página do FACEBOOK, acompanhado da seguinte: "se você acredita, partilhe e diga amém!"

O DEUS que tanto desejo para salvação do meu ser e atender todas as minhas mais ínfimas necessidades, é uma Inteligência Suprema, não está limitado por conceitos, preconceitos!

Poderoso, o suficiente, pode fazer um homem fraco como eu, cruzar toda uma existência terrestre forte!

Dito isso, não consigo imaginar o que se possa na cabeça de uma pessoa, que tem como seu Mestre e Senhor, um ser desfigurado pela dor, uma espírito encarnado num corpo disforme!

Esse, não é o meu Mestre, portanto, não vou compartilhar e nem vou dizer amém!

Jesus Cristo é o santo dos vivos, portanto, sua alma, não está circunscrita num corpo limitado, ensanguentado e ferido!

Assim como o seu Pai e meu Pai, habita em todos os pontos e cantos do Universo, não havendo nenhum só lugar onde não possa exercer sua força e sua influência!

O Mestre que eu anseio (sei que não é fácil entender), não habita mais em nenhum mundo conhecido e nenhum corpo material e nem por isso se encontra mais longe de mim, o quanto se encontrava dos discípulos à época de sua passagem pela Galiléia, Jerusalém, Genesaré, etc.

"Vou preparar-vos o lugar, para quando tudo estiver pronto, vós estareis lá comigo!"

Um ser que pronuncia semelhantes palavras, jamais iria querer (acredito eu), que seus discípulos, simpatizantes etc, ficassem a contemplar "um homem morto!", uma estátua ou uma figura ensanguentada como aquele imagem do tal FACEBOOK.

Exemplo: estou perdido num deserto maior do que o SAARA, quem eu gostaria de me socorrer?

Um ser tão perdido quanto eu ou uma pessoa já conhecedora de todo o processo de como andar no deserto, conhecedora de todos os oásis, perigos, etc., ou eu preferiria um outro igual a mim, com alguma esperança mas, sem nenhum senso de direção, ademais, sem um

PAI poderoso, para me garantir que ao término dessa estadia na fome e na sede eu possa descansar num país melhor?

Quem escolher?!

Uns pecam pela falta outra maioria pelo excesso (de zelo, talvez).

O Papa, vai lá lavar os pés dos peregrinos, como se com isso ele pudesse de alguma forma, nessa Época de Páscoa, dar o exemplo de humildade!

De que humildade estamos falando?

Daquela que existe naquele pequeno país, onde uma grande maioria de bispos, padres e etc., convivem reclusos nadando no dinheiro como na caixa forte do personagem "Tio Patinhas?!"

Como eu posso me identificar para salvação de minha alma, com um ser completamente ensanguentado semi morto ou com um outro ser vestido de linho e ouro da cabeça aos pés?!

Por que será que as pessoas preferem inconscientemente seguirem a Teoria de Einstein, quando disse aquele, que: "a menor distância entre dois pontos é uma curva!"

Por que será que os homens (e as mulheres) preferem complicar o óbvio e tornar o viável em impossível para dificultar ainda mais sua caminhada difícil?!

De tão simples que os fatos relativos a vida e a morte são que as pessoas se complicam na explicação!

Mas, à grosso modo, mesmo com uma grande dificuldade para entrever uma vida melhor, uma outra realidade além da palpável e chamada "real", pode compreender os princípios básicos disso tudo, agindo coerentemente da seguinte maneira:

Procurar fazer o menos mal possível!

Tentar roubar e fraudar o semelhante o mínimo possível!

Diminuir as mentiras, falar um pouco mais a verdade. Etc.

Pois, pelo sim pelo não, é melhor acreditar!

Ontem, faleceu o filho do governador de São Paulo e à exceção dos amigos pessoais lá da família, a grande maioria, apesar da dor, (bem compreensível), de todos os envolvidos, indiretamente na tragédia, pai, mãe, esposas, esposos, etc., por incrível que pareça, um grande sorriso de desdém aflorou em grande parte da população, por que?!

Porque esse homem, não tem sido sincero com o povo e nem com as famílias...

Assim, na primeira oportunidade que as pessoas possuem de se vingar, ainda que indiretamente, satisfazem seu ódio, com a desgraça do semelhante, ainda que esse possua um cargo respeitável!

Mas, na somatória geral, ricos, pobres, doentes, saudáveis, pretos, brancos, mulçumanos, protestantes, espíritas, macumbeiros, crentes, católicos, estamos todos no mesmo barco, em direção da eternidade!

Cada um deve fazer sua escolha!

Passar a vida inteira, defendendo o fim da existência com a chamada morte ou acreditar que de alguma forma, a alma sobrevive a esta, o DEUS que procuramos se encontra repleto de glória em todo o UNIVERSO,

CRIANDO incessantemente, seres e planetas pelo Espaço infinito e o JESUS que tanto se fala segue adiante na Estrada de Damasco, em forma de LUZ INTENSA e não em forma daquele corpo semi dilacerado, pela maldade dos homens, que aliás, ele já perdoou!

CAPÍTULO OITAVO

A VIDA QUE BEM QUISER E MELHOR CONVIER!

Uma jornalista recentemente saiu entrevistando pessoas diversas e após isso, lançou um livro, onde, segundo ela, cada pessoa gostaria de viver com algum anseio espiritual, mas, no fundo, ainda por seu estudo, cada um só queria viver sua própria vida, da melhor maneira possível e de maneira que melhor lhe convier!

Em outras palavras, "somente curtir" e o resto, seria o resto...

Mas, a repeito de que resto eles e ela estaria falando?!

O resto seria a crença no futuro, a solidariedade, o pensar no próximo, a preocupação com o moral e somente a preocupação material, valeria a pena!

Que me perdoe a nobre escritora, mas, mal grado o seu esforço, NUNCA na época da humanidade, os homens e as mulheres, sejam mendigos ou milionários, estiveram tão questionadores e as próprias crianças estão assim... será que a jornalista não percebeu isso!

Mas, de acordo com a espécie de visão ou sob a espécie de lente escura, como costumava dizer Olavo Bilac, que o ser humano ver o mundo, nada e nem ninguém, vai mudar o seu ponto de vista!

Exemplo, em meu trabalho, cuja saída em definitivo não tarda, existe uma pessoa, acreditando-se com uma sabedoria além da média e por esse motivo, quando alguém fala alguma coisa ou lhe prova algo que não consegue retrucar e nem contraditar, questiona, lança defeitos e não aceita absolutamente nada!

É vermelho a cor, mas, se ela diz que é azul... tem que ser azul...

Mas, ainda segundo estudos transcendentais, filosóficos, realizados no passado, por seres altamente evoluídos, eles se pronunciaram da seguinte maneira: "quando um burro fala o outro abaixa a orelha!"

Pobre homem, pobre mulher, adquire um ínfimo conhecimento, através de alguns parcos estudos nessas universidades de esquina e já se acha com poder suficiente para modificar o mundo com seu mais recente ponto de vista!

No entanto, a vida que melhor quiser e melhor convier é àquela que tanto desempenham os chamados irracionais, que aliás, ainda segundo os estudos, caiu por terra há muito tempo, esse negócio de chamar animais de irracionais, a bem da verdade, até rocha não o é mais!

Porém, os animais selvagens ainda dominados pelo instinto, apesar de terem inteligência também, é o caso dos leões, dos búfalos, girafas, babuínos, gorilas e etc, são os únicos que levam a vida que convier, sem se preocuparem com o amanhã e não sofrem recriminações devido ao "pesado" passado!

De resto, é impossível, o indivíduo ler a quantidade de trabalhos científicos que existem hoje em dia, dando conta que a humanidade surgiu há muito muito tempo atrás e que o espaço infinito a olhos vistos é muito maior do que podemos crer e vai muito além do que podemos imaginar, se limitar a acreditar somente nesta vida, onde: doenças, pobreza, fenómenos violentos atmosféricos, instabilidade da economia e despedida e chamada morte, são a realidade!

Será que de verdade existe alguém que só pense dessa maneira?!

Morreu, acabou?!

A morte como essas pessoas querem interpretar, justifica tudo, ao passo que aquela como a descreveu SÓCRATES, tornam-na completamente infrutífera!

A partir do instante que passei a tentar compreender a vida e a observar as gritantes desigualdades sociais, a maldade do mundo, a predominância da casta, o poder do dinheiro, o falso poder da beleza, o constrangimento que causa a feiura, que passei a conjeturar: "não, não pode ser só isso!"

É verdade, que essa visão, despontou e foi se fortalecendo em minha concepção devido mesmo a minha condição social, mas, particularmente acredito, que mesmo que vivesse desde o princípio em uma outra condição, não pensaria de outra maneira!

Isso, devido ao fato, que o pensamente abstrato, que não quer se limitar pela matéria e não pode ser manipulado por dinheiro, quer ir e de fato, vai muito além!

Portanto, o indivíduo que possui uma riqueza considerável e deseja viver com essa fortuna o maior tempo que puder e passar adiante a seus descendentes e aqueles outros, ávidos para a possuir, desviam o dinheiro da população, estão completamente equivocados!

Às vezes, as circunstâncias que obrigam o indivíduo a andar de pé, por um longo período, devido as suas condições financeiros para comprar um veículo para se locomover, é justamente, o espaço e tempo que ele precisa para crescer espiritualmente:

Dar valor a locomoção, valorizar o esforço do semelhante, sentir o suor escorrer em sua testa, imaginar o que sentia Jesus Cristo, quando subia o "Monte das Caveiras", com uma cruz nas costas... etc.

Ao contrário, muitas vezes o que parece um castigo, é simplesmente uma "benção!"

Agora, senhora repórter, por favor, revise seus conceitos, pois, quando JESUS se referiu ao poder outorgado aos homens e as mulheres no que tange a eles serem Deuses e que poderia fazer o que ele fazia e muito mais, tudo começaria, principalmente com lições de HUMILDADE, cara senhora, por que?

Porque, no tocante a vida material e espiritual de cada um, ninguém é dono do próprio destino e NEM possui a TODA a verdade!

CAPÍTULO NOVE

OS RICOS TAMBÉM MORREM!

Não, não existe erro de grafia!

A frase é exatamente essa e ao invés de ser um protesto contra os ricos, ao contrário, é sua verdadeira forma de consolo(?!)

Sim, como uma espécie de despertar, uma vez que esses vivem : primeiramente como se fossem donos do mundo (aparentemente o são); segundo, desdenham completamente a morte!

Agindo dessa maneira, tiram completamente sua própria capacidade de crescimento, devido a comodidade proporcionada pelo dinheiro, a lisonja provocada pelo poder, a "embriaguez" provocada pelo sucesso e principalmente sua indiferença com relação ao futuro, quiçá, futuro além da vida!

Porém, sob todos os aspectos, pecam!

Pecam pelo excesso e pela falta!

Pelo excesso de zelo para com os bens, desdenham sua espiritualidade, por sua falta de fé em algo mais além de seus corpos, comprometem sua vida e sua alma!

Em suma, estão completamente ligados na vida e por isso não se importa com mais nada!

São tantas as ocupações: investimento na bolsa de commodities, depósitos "externos", pagamentos intrincados, recebimentos, etc., como é possível parar e pensar em vida espiritual?!

É preciso!

E DEUS a despeito da inveja insana dos pobres (deixar claro, que também sou pobre), ama igualmente milionários e paupérrimos, portanto, as implicações são iguais!

As oportunidades são as mesmas, portanto, o rico não deve perder a oportunidade de ser feliz num futuro distante e abandonar tudo, em prol dos seus bens tão somente!

E mais: além de acreditar no fenômeno da passagem, chamado morte, é preciso realizar ações, que provem que realmente agem de acordo com esse pronto de vista!

Foi por isso, que PAULO, o Apóstolo em sua Epístola (carta) aos Coríntios assim se expressou: "**Se eu falar as línguas dos homens e dos anjos, e não tiver caridade, sou como o metal que soa ou como o sino que tine. E se eu tiver o dom de profecia, e conhecer todos os mistérios, e quanto se pode saber; e se tiver toda a fé, até o ponto de transportar montanhas, e não tiver caridade, não sou nada.**

<u>**E se eu distribuir todos os meus bens em o sustento dos pobres**</u>, e se entregar o

meu corpo para ser queimado, se, todavia, não tiver caridade, nada disso me aproveita.

A caridade é paciente, é benigna; a caridade não é ambiciosa, não busca seus próprios interesses, não se irrita, não suspeita mal, não folga com a injustiça, mas folga com a verdade. Tudo tolera, tudo crê, tudo espera, tudo sofre.

A caridade nunca, jamais há de acabar, ou deixem de ter lugar as profecias, ou cessem todas as línguas, ou seja abolida a ciência. Agora, pois, permanecem a fé, a esperança e a caridade, estas três virtudes: porém a maior delas é a caridade". (Paulo, I Coríntios, XIII: 1 a 7 e 13).

O que quer dizer, que nem doando todos os bens do mundo para conseguir um lugarzinho melhor, ainda não valerá nada, se o sentimento de "status", for muito maior que a sensação de dever cumprido e amor ao semelhante!

Estou cansado de ouvir a expressão: "o negócio é gozar a vida e o amanhã, pouco importa..."

Isso é mentira, é hipocrisia, essa crença, não é fundamentada em nenhuma razão palpável a não ser por aqueles que realmente desejam manter o homem e a mulher em sua ignorância do dia de amanhã, para poder manipulá-los e quem mais ocupa essa função do que os pastores, os padres, os bispos e o Papa?!

Após esses quem menos tem interesse em se manter bem, para viver bem o dia de amanhã, são os vegetais, os minerais e os animais, é claro!

A questão é: com quem você se identifica para viver um futuro melhor?

Com uma anta, uma capivara, com uma couve-flor, um pé de alface, com um padre, com o Papa ou como Edir Macedo ou o Valdemiro Santiago de Oliveira?!

Ou com nenhum deles ainda pelo fato, de acreditar que morreu... "acabou", simples assim?

Mas, se não tem virtudes o suficiente para acreditar e querer uma vida melhor seja na Terra, seja no Espaço, tem os seus pecados, tanto quanto os meus, (os meus à minha maneira), que inevitavelmente terá que reparar ou você acha que vai "aplicar pequenos golpes na praça" e pelo fato de ninguém ter percebido, ninguém ter dado falta de nada, vai se safar impunemente?!

CAPÍTULO DÉCIMO

A VISÃO DOS SUICIDAS E O ANSEIO DOS MILIONÁRIOS!

Há de se perguntar: o que uma coisa tem a ver com a outra?!

Eu diria: tem tudo a ver!

Longe de mim a intenção de julgar quem quer que seja, haja vista, todos terem lá seus inúmeros problemas, suas incontáveis necessidades, tudo, no entanto, tem a ver com o ponto de vista estereotipado!

O milionário comum e o homem também comum, dificilmente são afetados completamente pelo apego aos bens materiais ou pela dor às vezes, incomensurável que atinge os seres humanos!

Porque, hoje eu sei que todos esses senhores que andam aí em seus ROLLUS ROYCER'S, MERCEDES, BMW, últimos modelos, padecem de dores inenarráveis, daí a célebre frase: "o dinheiro não trás felicidade!" Ultimamente, tão deturpada, quando dizem que manda comprar!

Responda sinceramente: que grande felicidade tem o dinheiro ganho com a venda de seus livros, o Físico Teórico STEPHEN HAWKINS?

Não anda, basicamente é cego, não mexe um único músculo e o único meio de interação com o mundo exterior é através de um sofisticado computador, engenhosamente inventado para si...

Quem é mais feliz?

O mendigo saudável que puxa por exemplo, um desses enormes carrinhos pelas ruas movimentadas de São Paulo, geralmente acompanhado de um fiel "Vira Latas" (na verdade, um "vira saco de lixo") ou Sr. "Sabe tudo", preso, recluso, basicamente numa espécie de leito de morte?!

Quanto a consumação do ato tresloucado do suicídio, cuja a humanidade em si, por si só condena, dá-se pelo fato do supremo egoísmo cegar completamente essas pessoas!

A descrença, a falta de fé! A falta de esperança!

O egoísmo, principalmente porque, o sujeito só está pensando em si, não pensa, por exemplo, nas dores que vai causar nos semelhantes que simpatizam consigo, numa filha, num filho, numa mãe, num pai, etc.

Para esses, no entanto, existem duas notícias!

Uma notícia boa e outra não tão boa assim, que podem de uma certa forma influenciar tais pessoas a acelerar o processo ou fazê-lo refletir um pouco mais antes de consumarem esse desgraçado ato!

A boa notícia, é que, se esperarem um pouco mais tudo não só deve como vai mudar!

Nenhuma circunstância, seja ruim ou seja, boa durará para sempre, logo tudo vai mudar!

A má notícia para eles e ótima para a humanidade, é aquela que boa parte da humanidade, já sabe que é a mais pura verdade: morrer não é o fim!

O que quer dizer que se matando, meus caros (minhas caras), vai ter que conviver com isso, por algumas dezenas de anos, quiçá algumas centenas...

Levando-se em conta que a alma sobrevive e preexiste classicamente após a morte, e todo ser possuindo sua individualidade pessoal, garantida por Deus e preservada por JESUS CRISTO, o Rei da Galáxia, vai ter que conviver, como nos filmes de terror: com a cabeça decepada, com o pescoço esticado a mais de metro (enforcamento), com os ouvidos sangrando, etc.

É um tema abominável para se tratar e eu havia jurado, nunca entrar diretamente nessa questão, para não chocar, mas, diante do materialismo que cresce assustadoramente, do tamanho da descrença que vem surgindo, da maldade, da quantidade de morte desse gênero, eu tinha que ratificar meu ponto de vista, conforme cresce o apego e a falta de fé!

E tem mais: quem nunca pensou uma única vez em se matar devido a um grande problema ou um grande trauma que atravessou na vida?!

No entanto, o que não se pode é alimentar as ideias insanas, pois, essas criam formas, após essas, passam a coabitar com o indivíduo num recôndito escondido de sua mente e finalmente, após ter nutrido e preparado por longos meses, dias, anos talvez, finalmente ele toma forma palpável e o leva ao ato tresloucado...

Esse modo de pensar, imaginar, criar, etc., está intrinsecamente ligado aos pensamentos daquelas criaturas que vivem somente para si e seus tesouros...

E mais, os indivíduos ainda conseguem se superar quando se trata de rebeldia humana!

Um milionário lá da Europa, conseguiu reunir os dois quesitos em um só compendio e consumou os dois argumentos em um único ato!

Multimilionário, (com alguns bilhões de EUROS em suas diversas contas bancárias), na verdade, esse homem possuía fortuna avaliada em algo em torno de DOZE BILHÕES DE EUROS e num golpe de queda de bolsa (de valores), sofreu um prejuízo de TRES BILHÕES DE EUROS. (ISSO REALMENTE ACONTECEU).

Esse "pobre" homem teve sua fortuna encolhida em TRES BILHÕES, passando ainda a ser BILIONÁRIO com mais NOVE BILHÕES DE EUROS em suas contas bancárias!

Inconformado, desesperado, por ter perdido tanto dinheiro,simplesmente, deu cabo da própria vida!

Essa criatura, provou pela prática,que um sujeito pode ser ao mesmo tempo: egoísta o suficiente para só pensar em si e negligenciar completamente a sociedade e concomitantemente ser estúpido o bastante para conseguir olhar para o lado negro de sua vida (no caso, a perda de alguns bilhões), sem levar em consideração a maravilha que ainda poderia realizar para ele e outras milhares de pessoas, se desse continuidade, ao seu reamo empresarial, proporcionando empregos a outrem!

É preciso, acima de tudo, lutar com todas as forças, para evitar esses pensamentos de desgraça e descrença que força muitos homens e muitas mulheres, a acreditarem que tudo está perdido e não há nada mais que se fazer!

Isso não é verdade, sempre a algo para se fazer e sempre existe consolo para dores e sofrimento, desde que seja dado a oportunidade das forças do bem agirem em sua vida, desde que seja impedida a entrada dos pastores e sua casa!

CAPÍTULO ONZE

EU NÃO ACREDITAVA...

Eu não acreditava que existiam pessoas capazes de não acreditarem numa vida melhor, na continuidade da existência, acreditarem no "Big Bang", não acreditarem em Deus e ainda criarem um "Diabo", para lhes castigar!

Não acreditava, pois, desde minha tenra infância, como disse anteriormente, sempre achei que existia algo mais, que o comer, beber, reproduzir e morrer!

Mas, me surpreende sobremaneira, o fato de existir pessoas igual ao senhor Hudson, o qual, segundo suas próprias palavras para mim: "qualquer coisa que relacione-se com o tema espiritual, não acredito!"

É possível alguém viver assim?

É possível, um indivíduo, viver no Brasil, "berço da corrupção do mundo", ver os políticos enriquecerem do dia para a noite, o pai de família sofrer a vida inteira, brigar para conseguir, 1, 2% em cima de um parco salário mínimo, que o governo diz que é "um dos melhores do mundo", e ainda assim, achar que as coisas nunca mudarão?!

Mas, segundo a minha própria crença e minha experiência como ser humano, aprendi que ninguém tem o direito de forçar a maneira de uma pessoa pensar, se portar, acreditar, etc.

Cada um vai colher aquilo que plantou, porém, por via das dúvidas, "e por não querer pagar ver", ainda que eu fosse ateu, eu preferiria acreditar!

Ainda segundo aprendi na minha crença, após anos de observação e estudo e na prática compreendi ser viável, no que tange a viagens curtos ou viagens longas, é preciso levar somente aquilo que se vai usar em outro Estado, mesmo outro país, porque, outras tantas coias boas, (ou ruins), já existe nessa nova estadia!

Mas, alguma coisa, nessas viagens, é preciso levar, o que já não possível na outra "viagem", naquela, (na última viagem de uma vida), a única coisa que se vai levar é o aprendizado!

Por que o aprendizado, os conhecimentos, as conquistas morais ou derrocadas intelectuais?!

Porque são patrimônios que pertencem aos espíritos, as almas, e como conquistas por sua individualidade, essa será a bagagem que qualquer ser humano vai levar... que seja, um pequeno raio de esperança, mas, já será alguma coisa...

Quanto ao senhor Hudson, tenho a impressão, que representa uma minoria, que devido a ignorância, a falta de estudo espiritual, falta de observação, de leitura dos livros corretos, inclusive a Bíblia, o transformou-o num poço de incoerência, a ponto de dizer para mim, que eu não gostava do EDIR MACEDO, só porque ele tem dinheiro, pode?!

Diante do seu cabedal, só pude responder: "não, não é por isso não que eu não simpatizo com o (graças a Deus, finado), David Miranda, Edir Macedo, Valdemiro Santiago de Oliveira e etc."

Não é porque eles dinheiro, não, caríssimo Hudson!

Eu não simpatizo com eles porque são mentirosos, materialistas, hipócritas, escarnecedores, desonestos, etc., e todo dinheiro que eles tem (segundo você mesmo afirmou), são fruto, de seus golpes e não do suor do seu trabalho, compreende isso, meu caro?!

Particularmente, assim, como nenhum ser humano deve ser julgado, porque seus próprios atos, já estão escrevendo a fórmula de seu futuro julgamento, lamento simplesmente o fato, de arruinarem tantas vidas incautas1

Acreditam sem questionar, obedecem sem titubear, vão pelos caminhos tortuosos que são orientados a seguir e ainda tem certeza que com tudo isso, irão para o céu.

Ah! Céu, tão sonhado céu!

É crível, é decente, é racional, etc., imaginar que um indivíduo, construir um templo, no seio de onde vive uma gama de desgraçados e sofredores, crianças abandonas, velhos doentes, etc., é verossímil, aceitar esse fato e acreditar que esse homem é um enviado dos céus?!

Ainda bem, Hudson, que você gosta dele, afinal de contas, ele fala a linguagem que você entende e morrer por aquilo que você tanto adora: dinheiro, não importando a maneira como ele seja ganho!

No entanto, tenho uma péssimo notícia para você, se realmente acreditar que sua crença é exclusiva e você é o diferencial em não querer acreditar em nada além de seu raciocínio e se negar a ver qualquer coisa além do cumprimento de seu nariz...

Não, você não tem esse privilégio...

Antes de você, tiveram esse ponto vista os Sauduceus, os Fariseus, os Caudeus, e graças a esses, e todo seu "trabalho" para garantir que sua influência seria avassaladora, que levaram a ser pregado num madeiro, o Cristo, filho de Deus, pessoa, segundo, você mesmo conta, inexplicavelmente (por seu ponto de visto, obtuso), tem um grande respeito...

CAPÍTULO DOZE

"FINALMENTE, VENCER NA VIDA!"

"Então, faça como eu... etc.,blá, blá!"

Foi assim, que se manifestou um apresentador de televisão e posteriormente um jogador de futebol: "aí galera, minha mãe sabia o que eu queria e hoje eu..."

O outro (o apresentador), ao término de sua exibição, acaba tentado mandar de goela abaixo, aos telespectadores, o produto de sua chefe, o "Jequiti!"

O outro, falando, em vencer na vida, falava de sua vitória, no seu caso, um incentivo ao jovem...um incentivo a fugir da escola, esquecer a educação, ignorar a situação e viver uma ilusão!

Viver uma "maldita ilusão", pois você, eu e ele também, sabe perfeitamente que, entre milhares de jogadores de futebol que existe no país, quiçá, no mundo, um ou outro, vai ser reconhecido e ganhar salário astronômico e usar dois brincos como símbolo de seu descaso e ostentação!

Seja no primeiro, como no segundo caso, a incoerência permanece a mesma!

Ora, se ninguém estabeleceu uma regra para ser seguida, no que tange a derrota pessoal, sexual, religioso, etc., muito menos ninguém, sabe necessariamente o que deve ser o padrão de vencer numa vida!

É logicamente óbvio, que pela estreiteza mental, visual, espiritual, que para todos os efeitos, vencer, significa possuir, galgar postos, conquistar espaços, ser alguém, etc., mas, existe apenas um pequeno inconveniente:

Ninguém leva nada dessa vida!

Por isso, que se insiste tanto, em abolir qualquer espécie de continuidade, pois, do contrário (segundo esse ponto de vista), não haveria motivo para tanta festa e tanta contemplação!

O exato culto ao "bezerro de ouro" tão amaldiçoado no Antigo Testamento!

Moisés, sim, aquele profeta austero, sobremaneira (com aquele povo e talvez com esse), pois, o povo carecia, sempre de um "certo incentivo" para seguir adiante, aproveitando-se da ausência daquele (do profeta), o qual tinha se ausentado para "simplesmente" pegar de Deus, os mandamentos (disseram que foram dezenas, mas, fixemos, somente os dez) que salvariam a humanidade, acreditando, que devido a sua longa idade, as dificuldades do caminho (subir árduas montanhas, a pé), os dias causticantes, a fome, a sede, etc.,

Pois bem, baseados nisso, acreditando que Moisés "jamais" retornaria de sua "odisseia profética", eles, os membros das tribos, juntaram tudo que tinham em ouro, derreteram-no e confeccionaram um "bezerro de ouro", seu novo deus, que passariam a cultuar...

Eu pergunto: qual a diferença que existe quando um sujeito passa a desdenhar de Deus de verdade, aquele Deus, Onipotente, Onisciente, Onipresente, todo justiça, todo bondade, soberanamente poderoso, capaz de solucionar o seu problema de dor de dente e concomitantemente criar outras dezenas de

Universos paralelos, com planetas, estrelas, populações, leis, etc., eu pergunto, então, quando um indivíduo passa a propagar que se não vencer na vida, como ele, em outras palavras: "você tá... você tá... desqualificado!"

A quem esse moço, esses moços, essas moças cultuam?

Numa só existência, é possível, construir uma casa!

Dezenas de casas que seja!

É possível ainda a Ciência avançar bastante no que tange a descobertas científicas, aprimoramento da tecnologia...

Alguns preconceitos podem cair por terra e a Terra, ainda pode comportar mudanças extraordinárias, como se está vendo e infelizmente não é para melhor!

Numa só existência ainda é possível ter esperanças que todos os políticos corruptos da face do Planeta "desapareçam" ou mudem de ramo!

É possível até, futuramente, e vai haver, um Presidente Mundial, assessorado, por outros tantos senhores, anciãos, conscientes!

Outrossim, o caráter de um homem, numa só existência, se ele for teimoso e materialista, ele passará "invicto", sem modificar suas atitudes, seus pensamentos, sua moral, etc., em absolutamente NADA!

É por isso, que mesmo antes da morte, e até nessa mesmas existência alguns já vem muito bem "agraciados" e outros virão!

Uns, perdem os movimentos das pernas, outros, das mãos!

Uns, perdem o poder da fala, outro, a visão!

Outros tantos perdem a audição, outros, compreensão!

E finalmente outros tantos, perdem a capacidade mental, e literalmente, se dão a loucura!

E desgraçadamente tornam-se párias da sociedade, fruto de sua capacitação intelectual, e com a luz da razão obscurecida, acontece o que ocorreu sábado e que me deixou, completamente aturdido e confuso, quanto a minha capacidade de suportar e digamos, "amar!"

14:00 horas.

Sim, um sábado, 14:00 horas, sol à pino, temperatura na casa dos 35 Graus Celsius.

Tranquilamente sentado estava em minha poltrona do coletivo, imaginando qual seria minha próxima ação dali adiante, quando alguém que ali entrara e do anglo em que eu me encontrava, chamou minha atenção!

Cabelos em desalinho, roupas "ensebadas" (não em frangalhos), algumas manchas de sujeira em sua tez branca, face, um pouco pálida, olhar incerto, atitudes um tanto exageradas, a um observador, mas, atento, não que tirasse a atenção de duas senhoras que conversavam animadamente no banco de trás e não se deram conta de absolutamente nada!

Passou para o fundo do ônibus e sentou-se!

Olhei para o lado esquerdo e vi nitidamente, uma senhora de aproximadamente

40 anos, com uma criança, sentar num outro banco vazio, quase que no momento em que aquela figura sentara próximo a si!

Nesse momento, espalhou-se pelo ar, daquele coletivo, um odor pútrido, quase inenarrável e eu que desde criança, já presenciara muita carniça ser devorada por urubus, já senti muito mal cheiro por ambientes insalubres que vivi e andei, mas, aquele cheiro, acreditem, me virou o estômago na hora!

Estranhamente, as duas senhoras, continuavam conversando animadamente, no banco traseiro e o motorista e o cobrador (trocador, para os cariocas) permaneciam numa tranquilidade "ímpar!"

Não é possível, pensei!

- Só eu, estou sentido isso?!

Mas, para o meu consolo, a senhora que se levantara antes, com uma criança a seu lado, estava com o rosto, simplesmente, "horrorizada!" E balançou a cabeça para mim positivamente!

Devido, a minha natural maldade latente, pensei comigo mesmo: "esse, só falta enterrar, pois já está morto em vida, em estado de decomposição!"

Mas, voltando, porque esse extremo?

Porque ninguém sabe nada quanto ao futuro, nada quanto a saber o que ser amanhã, nada, no que vai se transformar e mesmo pelo fator dúvida, ainda permanecem: orgulhosos, egoístas, vaidosos, desdenhosos, sensualistas, mentirosos, etc., como se nada mudasse!

Quer saber?

Pelo sim, pelo não, é melhor comprar antecipadamente um perfume francês!

CAPÍTULO TREZE

A MISSÃO PECULIAR DE CADA UM!

Cada ser, por mais ínfima que seja sua posição ocupada no mundo, por mais obscura seja sua colocação situada no tempo e no espaço, possui uma missão a ser cumprida, embora a grande maioria não tem consciência disso!

Ocorre que nem sempre o mandante para cumprimento da missão seja o mesmo e nem as ordens sejam das mesmas fontes, cada um tem lá seus objetivos e suas realizações!

Mas, nessas realizações, no final das contas, acontece, finalmente a luta, entre o bem e entre o mal, quer ver?

A missão de Pilatos, por exemplo, foi deixar ao mundo a lição da covardia, quando em nome do poder e do luxo, "lavou as mãos numa bacia d'água", isentando-se (pelo menos ele achava assim), de qualquer culpa para a recomendação de Jesus Cristo!

Um pouco antes, (na verdade, mais de 600 anos), Sócrates, na Grécia, enquanto doava sua vida, para bem instruir os jovens, renunciava a qualquer espécie de benefício material, seus contemporâneos, passavam a vida, angariando provas, para condená-lo a morte e acusarem-no de "corromper" a juventude, até que finalmente, eles conseguiram!

E Sócrates, por um tribunal igualmente injusto, igual a esse que atua aqui nos Estados do Brasil, foi condenado a beber, o sumo daquela planta horrível, denominada cicuta!

Mais tarde, aliás, muito mais tarde, Gandhi, lutava para tentar conquistar a independência do povo indiano, Winston Churchill, fazia de tudo, para tornar a existência do vegetariano, insuportável!

Um homem, que tivera um papel importantíssimo na Segunda Guerra Mundial, na "manutenção" do moral de suas tropas, principalmente (inglesas), quem diria, teve uma missão macabra, quando da perseguição ao povo indiano e particularmente ao Mahatma Gandhi!

Porém, há algo que precisa ser levado em consideração!

Tanto no reino animal, quanto no hominal, cada um possui um comportamento peculiar!

Uns acreditam em Deus, naturalmente, outros tantos, escrevem tratados, para negar a existência Dele!

Portanto, uns estão destinados a construir algo em prol do semelhante e da humanidade e outros tantos, e acredite, a grande maioria, estão predestinados a desacreditar os homens de bem!

Quando nada conseguem fazer materialmente para destruir o moral de uma pessoa, sua obra e seu caráter, formam espécies de quadrilhas e em conluio, na "roda dos escarnecedores", passam a zombar daquele que simplesmente pretende ser apenas um homem ou uma mulher normal!

Se o homem ou a mulher não sai na noitada, não é bem visto!

Se não torce para o Corinthians, não é bem aceito!

Se não é executivo é discriminado!

Se não é desonesto é preterido!

A "Torre Eiffel", a "Estátua da Liberdade", o "Cristo Redentor", mesmo o "Empire States", aliás, que melhor exemplo que o "Word Trade Center?" São exemplos, clássicos dos símbolos materiais, onde engenheiros, construtores, mestres de obras, trabalhadores da construção civil, milhares deles, passaram anos, décadas até, dias, noite até, na chuva, no sol à pino, no gelo, em altas alturas, construindo moldando, esculpindo, escalando...

Pois bem, de uma hora para outra, um ou outro "gênio missionário do mal", virá e com um só golpe, põe tudo abaixo e está tudo acabado!

Em suma, uns vem, já vieram e virão, construir, inclusive, o bem, e outros tantos, estarão por aqui, só para fazerem o mal!

Aliás, é a oportunidade que possuem de se colocaram "em pé de igualdade", com essas outras pessoas e o que fazem?

E o que fazem?

Crucificam, queimam, enforcam, decapitam, torturam, atiram... acreditando que assim, matando um homem, destruindo um monumento, tudo estará acabado e tudo estará certo e não há nenhum comprometimento!

Equívoco total!

Podem destruir um monumento, mas, a ideia teórica do nobre homem que a idealizou e que partiu com sua alma, está intacta!

E a morte, como conhecem as pessoas, "passagem", como chamam os estudiosos, nada mais faz, que tornar os sábios, ainda muitos sábios, os ignorantes ainda mais revoltados e os maldosos temerosos de que castigo, apenas começa na Terra, a verdadeira "brincadeira" vem depois...

Bem, e como diria o velho Jesus: "ouça, compreenda, aquele que tiver ouvido para ouvir e paciência para compreender!"

CAPÍTULO CATORZE

O FILHO DO HOMEM TINHA RAZÃO QUANTO A NADA ESCREVER!

Isso porque, de antemão ele sabia que muitos ensinamentos escritos, nunca chegarão a atingir seu objetivo, ficando basicamente no campo simplesmente da teoria!

Sabedor antecipado, se limitou a dar o exemplo sem escrever uma única linha, essa missão ficou reservada aos discípulos, apóstolos, continuadores, etc.

Talvez pela importância de sua missão, ele não tinha tempo de ficar escrevinhando e teorizando sobre a Terra, sociedade, espaço, sobre os santos e apóstolos!

Quando se escreve a intenção do autor é sempre a mais nobre, no entanto, uma palavra escrita, um livro que seja, talvez, nunca atinja seu objetivo e o público que se almeja!

Mas, mesmo sabendo desse pequeno detalhe e justamente por possuir, uma moral bastante insignificante perante a grande moral do Cristo, insisto em escrever para que um dia, por exemplo, quando um fanático, um lunático, por acaso, cair na real e mudar de vida, possa acima de tudo, encontrar um amigo, ainda que morto a essas altura!

Nesse momento, contemplo estarrecido uma cena brutal!

Diversos homens, trajando laranjas, sendo conduzidos, por alguns indivíduos covardes, trajando uniformes camuflados, estilo militar, escondidos atrás de uma máscara negra, prestes a assassinar seus semelhantes Cristãos, em nome de Ala!

Quem foi que os nomeou justiceiros da humanidade?

Quem os designou para julgar seu semelhante?

Provavelmente, eu, estivesse circulando por ali encontraria o mesmo destino, por acreditar em Jesus Cristo: ou a decapitação ou o fuzilamento!

Em suma, no geral, a humanidade mudou, seria exagero, falar o contrário disso, no entanto, grupos recalcitrantes, remanescentes, da idade das trevas, insistem em tornar a vida do ser humano normal em toda parte do mundo, um inferno!

Pois, qual é a pessoa normal, em sua casa, no aconchego do seu lar, com sua família, que não se sente completamente indignado, ao presenciar cenas do estilo?

Por mais indiferente que seja, qualquer fica revoltado e diga-se de passagem não é para menos!

Num filme, escrito por Clint Eastwood e também por ele estrelado, intitulado, "Os Imperdoáveis!", não sei se pela excelente tradução, talvez, mas, ele cita uma frase, bastante pertinente sobre a morte de uma pessoa: "quando você tira a vida de alguém, você arranca tudo que ele tinha, tudo que ele era e tudo que ainda a pessoa poderia conseguir na vida!"

Com efeito, os bandidos fanáticos, estão tomando o lugar de Deus, e como não o são, pagarão o preço justo!

Mas, pela regra humana e pelo conceito que se tem de vida, o desespero atinge em cheio determinadas pessoas, fazendo com que elas se revoltem contra o Criador do Céu e da Terra e tudo que existe nele: DEUS!

Quando, na verdade o que existe, é justamente a manifestação soberana do Poder Superior, ao permitir que seres tão selvagens estejam entre os homens civilizados e com o exemplo destes, pudessem conseguir elevar-se moralmente numa hierarquia espiritual!

O que fazem eles, com a oportunidade essencial?!

Matam seu semelhante, assassinam o semelhante, acreditando que um certo "deus maluco", vai conceder a párias um lugar privilegiado no seu tal reino quando partirem desse mundo material!

Nesse caso, eu sou obrigado, a ser o divulgador de péssimas notícias para essa gente, ainda que se recusem a acreditar, aliás, nem importa!

Cada vida que ceifaram, pela força da lei de causa e efeito, ação e reação, terão que "restituir" e já que não tem essa capacidade, "irão" ter no mundo que habitarem futuramente, que com certeza, não será a Terra, o desprazer de receber o mesmo tratamento: a cabeça decepada, com uma faca cega, como tem sido a prática atual desse grupo suicida!

CAPÍTULO QUINZE

"BASTANTE OBSERVAR AS ENTRELINHAS!"

E ver-se-ía claramente a lei de Causa e efeito, se cumprir à olhos vistos, na presença de todos, sem deixar margem a dúvidas!

Outrossim, toda vez que se vai falar das coisas corriqueiras da vida, assim, como por exemplo, do nascimento e da morte, tornam-se ou transformam-se em eventos sobrenaturais!

No nascimento, por se ignorar de onde vem o espírito, na morte por não saber, ou melhor, não procurar saber para onde que ele vai, no entanto, pelos comportamentos, poucas dúvidas restam quanto ao próximo lar, da grande maioria!

Bastante observar as entrelinhas!

É notório no atual momento, a transformação que está passando a humanidade!

Por isso, tantas desgraças acontecendo em toda parte do mundo e aqui no Brasil, o terremoto da corrupção, deixa bastante claro, que passado as almas, dessa vida, para o além, pela quantidade de desonestos que vieram ter aqui nessa Pátria, preciso se fará com urgência, criar um novo "inferno", aliás, tarefa muito fácil, para nomes de peso no reino dos "queimados" como Fernando Collor de Melo, Paulo Maluf, Luiz Inácio Lula da Silva, Silvio Santos, José Jenuíno, João Kleber (o ridículo, futuro bufão das profundezas), José Dirceu, Michel Temer, José Serra, etc., etc.

Por que?

Porque tiveram todas as oportunidades para bem servir a Nação e o semelhante e o que fizeram?

Desviaram dinheiro da Saúde, da Educação, da Segurança, das crianças carentes, dos doentes, dos pobres dos descamisados e ainda saíram "muito bem na foto", quando ainda ousaram posar de heróis!

Mas, meu foco, sobre o verdadeiro observar nas entrelinhas, não é justamente condenar a atitude desses senhores, uma vez que todos que estão nesse mundo, carecem de melhorias, principalmente moral e espiritual!

O que me chamou a atenção e também deveria chamar a atenção dessas senhores, foi justamente esse último acontecimento, onde algumas pessoas morreram violentamente!

Novidade? Em São Paulo?

Nenhuma!

Ocorre que as atitudes de um dos indivíduos mortos (à bala), atraíram minha atenção, para a poderosa força de ação e reação das leis Divinas!

Fábio N. D., após assassinar um garoto boliviano com a explosão de um rojão impulsionado por si, foi preso naquela país e quando solto, voltou a se envolver em outras encrencas, brigas, agressões, crimes, etc.

Finalmente, depois de tanto insistir foi contemplado com a mesma espécie de fim: morte violenta!

Convenhamos, a morte é sempre morte, mas, em seu contexto, a "morte morrida" é muito melhor do que a "morte matada!" correto?

Então, ele o torcedor, foi vítima de sua maldade!

Não creio que merecia destino melhor, uma vez, que não se arrependeu e nem se convenceu de sua carreira de crime, foi fuzilado!

E o problema nem é necessariamente o tipo de morte violenta que sofreu e sim o futuro "paraíso" que irá habitar, após seu decesso, acredite ele ou não, creia ou não a sociedade!

Quem viveu pela espada e com essa "espada simbólica" praticou crimes, por essa mesma espada será sacrificado, eis a Lei, quer você acredite ou não!

Sequer João o Batista, primo de Jesus Cristo e muito dele respeitado por ele, escapou dessa incontestável justiça, mas, isso é uma outra história que já citei uma dezena de vezes e nessa oportunidade me abstenho de comentar novamente o episódio!

O menino foi vingado!

Catorze anos, Kevin Douglas Beltran Espada, teve sua vida ceifada por um marginal fantasiado, que no final, sofreu a mesma pena!

CAPÍTULO DEZESSEIS

AS ESTOCADAS DA PAIXÃO, A TRAIÇÃO, O PERDÃO!

Nunca experimentei (falo por mim) tanta amargura, tanta tristeza, ódio, tanta impotência, etc., após uma grande paixão, cair em frustração!

O sentimento de desolação e dor, é revoltante!

Pelos parâmetros terrestres, ao tem consolo!

E incrível, as próprias pessoas que não acreditam em nada, são enfáticas ao afirmarem que aqueles que padecem semelhante mal, tem a obrigação de resistir firme, superar, ser forte, enfim, dar a volta por cima...

No entanto, a dificuldade de superar o sentimento de um amor perdido, e no meu caso, vários pretensos amores, sequer conquistados, é aterrador!

Não sei o que é pior: superar a paixão ou usar do perdão!

Mas, quanto a paixão, os artistas, os cantores, poetas, em particular, tem feito a razão de suas vidas e o porquê de sua existência, compondo melodias, escrevendo inúmeras poesias, sobre esses "brakers hearts!"

Dificilmente, no entanto, uma só existência pode justificar semelhantes desgraças, e eu jamais, teria condições de superar semelhantes paixões, sem outras explicações e resignações e nesse contexto, apesar da tragédia, por mais incrível que pareça, tudo se encaixa!

Mas, para isso, há que aceitar a realidade da pré e pós existência!

Aliás, longe de mim, tentar convencer quem quer que seja, meu pai morreu crente e eu nunca ousei, atacar seu ponto de vista, assim como não tenho a pretensão de violar a perspectiva pela qual um homem ou uma mulher observa a vida!

O perdão é muito difícil de praticar, assim como a paixão é muito duro de aceitar quando não correspondida!

No entanto, como os seres humanos estão imediatamente propensos a julgamentos apressados, tenho a plena certeza, que você e outros tantos, já pensaram: "ora, eu perdoo fácil!"

Perdoa mesmo?

Perdoa aquele ou aquela que lhe fez perder o emprego, perder promoção, caluniou, desprezou, humilhou, etc., simplesmente, por capricho e inimizade gratuita para com sua pessoa?!

Perdoa os vizinhos inconvenientes, como por exemplo, esses dois irmãos que moram atrás da minha casa e incomodados pelo fato de eu ouvir músicas e eles não gostarem de nada, passam a vida me perturbando e talvez algum vizinho lhe incomode também?1

O prazer "mórbido" que proporcionada o ódio a certas pessoas, gera deleite(?!)

Quer saber?

Eu odeio os odiar!

Meu sonho era poder sequestrar esses dois gêmeos vagabundos e jogá-los lá do alto da Serra de Santos, a antiga estrada que aquele compositor, fanho, tanto enalteceu em suas músicas repetitivas!

Mas, eu não posso agir assim!

Eu sou um ser civilizado e é justamente isso que me distingue deles!

Eu sei que são dois seres patéticos, ridículos, que da vida mais não querem do que: comer, beber, dormir e procriar, deixando para segundo plano a capacidade de imaginar algo mais além do toque de suas mãos carcomidas pele egoísmo e maldade!

E mais!

Qualquer pessoa que considere o passado e o futuro além de vida, deve saber que um espírito sem corpo, é muito mais perigoso do que uma alma numa "carcaça" qualquer, sendo contraproducente, qualquer retaliação a essas figuras nefastas!

A paixão, no entanto, já vem com seus próprios agravantes1

Alguém, que num passado distante e talvez não tão distante assim, se viu numa posição privilegiada e se achou no direito de zombar de outras almas desavisadas e apaixonadas, hoje, padece o efeito de seu preconceito!

E no âmago de seu interesse e no auge dos seus mais puros sentimentos, recebe algo como uma estogada no peito, quando aquela mulher amada, nem se dá conta de seu desejo e quando o faz, tem um prazer mórbido de destruir qualquer esperança1

Eu não sei como os seres humanos que em nada acreditam conseguem sobreviver a esse caos, mas, hoje, ciente de tudo isso que aprendi, não conseguiria reagir, se não fosse a esperança, que o golpe sentido é a libertação para um amor futuro, tendo em vista que a dor no presente, libera os gigantescos e estúpidos erros do passado!

No mais, eu não tenho a mínima estrutura, para perdoar setenta vezes, sequer sete, no entanto, dou o máximo de mim, para pelo menos não odiar mais e assim tornar ainda tenebroso o caminho tortuoso no mundo!

Se eu ainda não consigo amar meu semelhante, pelo menos vou tentar não causar mais danos a ele, a mim mesmo e principalmente, não macular a obra Divina, com os frutos de minha indiferença e egoísmo!

CAPÍTULO DEZESSETE

AINDA QUE EU NÃO O QUISESSE!

Ainda que eu não o quisesse acreditar em coisa alguma!

Ainda que pudesse me dar ao luxo, de gritar em altos brados, que não há um Deus, não existe uma vida além e não houve uma vida antes, eu não o poderia!

A partir do instante que eu compreendi que não sou tão insignificante o quanto um asno e não muito mais valoroso que um burro, passei a dar um pouco mais de valor a vida!

Eu explico: valho um pouco mais do que o asno, porque já sou portador da capacidade de pensar, consequentemente, sou portador, do dom de raciocinar, tendo como efeito de tudo isso, o privilégio de conseguir decifrar o que é bom e o que é ruim para mim!

Mas, existe a parte ruim!

A parte ruim, é que sou na essência, exatamente igual no que tange às partículas constitutivas desse pobre animal aí, o burro, o cachorro, o gato!

Inútil, o Stephen Hawking, do alto de sua inteligência e do assento inamovível de sua cadeira de rodas computadorizada, querer provar o contrário disso!

Mas, se algumas pessoas, preferem levar o peso de seus pecados, de suas dores, de suas angústias, de seus desesperos sozinhos, eu, eu não tenho essa condição, razão pela qual vou além de somente acreditar num futuro melhor, numa vida melhor em um Deus Todo Poderoso!

Faço desses princípios a razão de minha existência e minha vida, porque, não tenho condições de seguir sozinho, fazendo as coisas, simplesmente do meu jeito e à minha maneira!

Não, eu não o posso!

Sou sofredor demais, sou pecador demais, para arcar com as contas e os danos sozinho, preciso de ajuda e essa, NENHUM ser humano sobre a face da Terra, será capaz de me conceder, exceto Jesus, que já se foi para melhor e para preparar o lugar e Deus a razão de ser do Universos e de todos os seres tangíveis, intangíveis, terrestres, extraterrestres e etc.

No meu caso, como "fechamento da obra", possuo agravantes, que não me deixa dúvida quanto ao meu passado e me deixa bastante temeroso quanto ao futuro, apesar da firme resolução!

Trata-se dos meus laços familiares!

Não tenho conhecimento de uma família próxima ao meus contatos, possuir tanto ódio "pelo seu próprio sangue", tanto rancor, tanta despeita, inveja, ciúmes, etc., quanto o que sente o clã, do qual eu fui concebido!

E como não poderia deixar de ser, o foco de toda sua desdita, de sua raiva e seu rancor, é por este mísero interlocutor!

Longe de entrar pelo "rol das lamúrias e lamentações", procuro estudar minuciosamente o caso e inevitavelmente, forçosamente, concluo que NADA temos em comum, a não ser o fato de termos saído do mesmo ventre e sido originado, materialmente falando, é claro, pelo mesmo pai!

Só!

Com efeito, em consequência de todo mal, direcionado (a mim), em partes, perdi a referência do que vem a ser os verdadeiros laços afetivos de irmão para irmão, para filho e filho para mãe!

O que quer dizer em outras palavras é o seguinte: quando eu vejo um irmão chorando pela perda de um outro, esse sentimento me é completamente desconhecido!

Quando vejo um pai chorar pela perda de um filho e uma mãe, uma filha, fico completamente aturdido e confuso, haja vista, não conseguir partilhar desses mesmos sentimentos humanos e nem alienígena eu sou...

Somando-se tudo isso: A + B + C , etc., eu não poderia sobreviver se não fosse a certeza plena de que algo mais e melhor existe para todos e não só para mim!

Em contrapartida, entendo perfeitamente, que esses laços de parentesco dantesco, os quais faço parte, tenho muita culpa e muita participação no "evento!"

Isso tudo, incluindo ainda as doenças, me levam forçosamente a não só compreender que errei muito, mas, muito preciso da ajuda de DEUS, para vencer tantos familiares inimigos, do contrário, Jesus não teria afirmado: "amai os vossos inimigos, fazei bem aqueles que vos odeiam e orai pelos que vos perseguem e caluniam, pois, se amardes somente o que vos amam que recompensa tereis?!" (...) (São Mateus - 5:43 a 47).

A você, logicamente, que nasceu de uma família normal, onde existe o respeito mútuo, carinho entre todos, inclusive entre irmãos, essas palavras e essas colocações, podem parecer esdrúxulas, mas acredite, não o são, são a mais clássica expressão da verdade!

Assim, não obstante as dificuldades da vida, o ambiente de trabalho, muitas vezes nem tão agradável assim, os inimigos declarados os não declarados falsos amigos, ainda ter que conviver com familiares completamente desequilibrados... nem tomando uma, nem duas, nem dez...

Não tem jeito, todo o contexto, está inserido nas Mãos de Deus e somente Ele compete dá um basta a tanta insanidade!

CAPÍTULO DEZOITO

IMPERMEABILIDADE MENTAL, FÍSICA, ESPIRITUAL?

Não adianta!

Existe pessoas, cuja sensibilidade, perspicácia, compreensão e amplitude mental, encontram-se em uma espécie de "estado vegetativo!"

E isso, não é privilégio algum, somente dos deserdados de auxílio, orientação e equilíbrio!

Veja-se, no caso dos Apóstolos de Jesus, quando a NOVA, BOA NOVA, veio lhes trazer a antiga e renovada prostituta acerca de sua Ressurreição!

Não somente não acreditaram, mas, também mandaram ter em outro lugar que não ali!

Quando do aparecimento, finalmente do Cristo, indagaram assustados, sois vós?!

Não obstante, o rei dos descrentes, não estava presente e quando do seu retorno, ao ser informando que Jesus ali estivera e acabara de sair, ele, Tomé, convicto indagou: "não acredito!"

Antes dele, houve milhares, depois dele, surgiram milhões, a ousarem persistir em não acreditarem se os olhos não veem e se os dedos não tocarem!

E com agravantes!

Muitos mesmo quando os olhos veem e os dedos tocam, ainda assim não acreditam em absolutamente nada!

Apesar da descrença, quando Tomé, meteu o dedo (assim como mandou Jesus), no buraco da ferida feita por uma lança em um dos lados do corpo de Jesus, ele, enfim, acreditou!

Por fim, crédulo, asseverou: "Mestre, sois vós!"

Veja, se eu não tivesse nenhum argumento, que fizesse acreditar em um Deus Todo Poderoso, se não possuísse nenhuma lógica sobre o assunto, imediatamente mudaria de ideia, ao contemplar o espaço infinito, nas noites estreladas que prateiam o infinito do interior de São Paulo, por exemplo!

É esplêndido! Magistral, magnífico!

Nesses céus maravilhosos, as altas horas, impossível observá-lo por algum tempo, sem se deparar com algum deslocamento de objetos estranhos rumo a imensidão!

No entanto, a crescente descrença sempre tenta bloquear qualquer manifestação nesse sentido, ainda que objetos prateados, apareçam em plena luz do dia, como ocorreu nos EUA e na Argentina!

No primeiro caso, manchete de primeira páginas dos jornais da época relatando o fenômeno, onde a Força Aérea Americana, foi acionada, disparou-se tiros e mais tiros de canhões, metralhadoras e nada, nenhuma resposta em contrapartida e logicamente nenhum dano causado as espaçonaves, que tranquilamente, deslocaram-se rumo, novamente, ao desconhecido!

E mais: nenhum contra ataque!

Veja, por exemplo uma formiga!

Sim, uma formiga!

Mesmo, a grande saúva!

Ela se acha toda poderosa e de fato, no reino das formigas, ela o deve ser, devido ao seu tamanho desproporcional em relação as outras!

Deve ser mais de 50 vezes maior que essas incômodas formigas que infestam as casas metropolitanas, vetoras, inclusive de incontáveis doenças!

No entanto, para o homem, não passa de um reles formiga graúda e quando na eminência de ser picado, um simples toque de dedo, é possível esmagar centenas!

Com efeito, os homens para as formigas e para os animais, é um verdadeiro deus!

Tem direito sobre a vida e sobre a morte dos pobres diabos!

E de fato, ele assim o faz cumprir, mandando milhares de patos, galinhas, porcos, bois, vacas, cavalos*, jumentos*, etc., todos os dias (*o Brasil, é um dos maiores exportadores de carne de cavalo e jumentos do mundo para os países da Europa, etc.,), o que de maneira algumas, tem feito os extraterrestres para conosco... por enquanto!

No entanto, possuo algum receio!

Acredito que como guardiões do Universo (sim), a partir do instante que constatarem que o homem vai destruir o Planeta, sua intervenção será inevitável e nem imagino como isso possa se dar, mas, poderio bélico para isso, eles possuem e muito!

Existem pessoas, no entanto, que só acreditam em seu nascimento, porque suas bondosas mães, asseguram que são filhos delas, caso contrário nem nisso acreditariam!

Como exigir desses seres acreditar na morte?

Acreditar na vida após a morte?

Na vida anterior a vida?

Na eternidade do ser?

Por que muitos sequer acreditam que vão morrer?

Porque agem como se essa vida fosse a sua única razão de existir e isso, desde o antigo Egito, quando nas tumbas dos Faraós, haviam desenhos de artes, caracteres diversos, simbolizando que eles permaneceriam para sempre...

Repudio semelhante crença, assim como abomino a descrença total, pois, pelo menos, eles acreditavam que de alguma forma, algo ou alguma coisa estaria ali, para contemplar aqueles hieróglifos confusos!

Vejo, esses jogadores de futebol, pintados (tatuados) da cabeça aos pés, dois brincos nas orelhas (por modismo e não por cultura de povo), perseguidos por esse monte de moçoilas "ardentes" de paixão e sedentas de dinheiro, etc., como esses "cavalheiros", vão tirar algo de seu precioso tempo para acreditar em algo além, se podem ter o mundo aos seus pés?!

Mas, existe uma maldição em seu prazer doidivanas, que ainda não conseguiram compreender: o reverso da moeda, o perigo de enlouquecerem e se transformarem em absolutamente nada da noite para o dia, a velhice, as doenças que atingem a todos indistintamente e finalmente, se persistirem na ignomia, a morte prematura, como corolário de seus desatinos!

CAPÍTULO DEZENOVE

AS INFAMES OPORTUNIDADES DE APRENDER A CRESCER!

(capítulo especialmente dedicado a duas ex-colegas de profissão, que tornaram minha vida um inferno).

Não sei quem vai concordar comigo, mas, é notório, constrangedor e cansativo, a dura rotina de todo e qualquer ser humano, que se vê obrigado a dividir seu espaço individual, no âmbito profissional!

Ter que dividir as mesmas situações, compartilhar os mesmos interesses e ainda por cima (ou por baixo quem sabe), não ser totalmente bem remunerado para isso!

Com certeza existe pessoas que não fazem a mínima noção do que eu estou falando, haja vista desfrutarem de ótimo ambiente de trabalho, convive harmonicamente com todos os seus colegas de empresa (para não falar de trabalho e lembrar o SS)e para completar, ainda é bem remunerado!

Convivi com todas as espécies de pessoas, desde loucas contumazes inconformadas e insubmissas, até esquizofrênicos potencialmente perigosos, isso, sem falar dos desonestos e a pior classe: os pretensos honestos!

Estes últimos, "cantam" em altas vozes, que são verdadeiramente homens e mulheres de bem, que odeiam o ladrão, o golpista, o violento, etc., mas, na primeira oportunidade, acabam enrolados em sua própria teia de mentiras!

Isso porque, seus argumentos são flácidos, sua conversa é fiada, não possuem requinte moral e nem fortaleza espiritual o suficiente, para dizer não quando a oportunidade de se aproveitar de alguma coisa fácil e gratuita se apresente!

No entanto, continuam afirmando que são honestos!

Exemplo?!

Claro, trabalhei com uma cidadã, que se dizia honesta ao extremo, bradava isso, em palavras e em alto som oriundos de suas cordas vocais!

Criticava certa vez um seu amigo, que fora preso por cair na tentação do dinheiro fácil, sem querer deixou escapar que quando aquele (amigo dela), lhe oferecia uma fruta, uma maçã vermelha, uma pera, não via mal algum em saborear a deliciosa fruta, sem atentar ou se importar com sua origem!

No meio arcaico entendimento, no entanto, as coisas são um pouco diferente!

Quem aceita algo, uma agulha que seja, de outra pessoa, que fora adquirido de maneira escusa, pratica o mesmo crime, embora, possa se dar ao luxo de criticar aquele de maneira mais confortável!

Enquanto isso, aquele pobre diabo, apodrece no xilindró, por ter sido preso e autuado, por ter falado demais para se engrandecer sobre seus colegas abismados até que...

Enfim, para agravar ainda mais a situação dessa senhora, ela se dizia, sabe o que?

Kardecista!!!

Dizia ser frequentadora assídua de centros espíritas onde o bem é praticado e o mal, sempre deixado em segundo plano!

No entanto, como se sabe muito bem, são as atitudes que moldam e espelham o caráter de um homem e de uma mulher e sua fama, entre seus pares mesmo, não era nada daquilo que imaginava!

Mas, por que!

Arrogante, prepotente, orgulhosa, melindrosa, violenta (pelo menos com suas duras palavras), mal-educada, grossa, "materialista", vulgar, impaciente, subserviente, etc., outrossim, se achava uma pessoa boa!

Durante uma década me caluniou, mentiu a meu respeito, denegriu a minha imagem, me jogou diversas vezes em maus lençóis, fofocou sobre minha vida, me tinha por incompetente e para completar, contava com pleno aval de sua chefe imediata!

Nunca entendi, porque ousava dizer ser espírita, quando suas atitudes, o seu comportamento, sua insanidade, demonstravam exatamente o contrário, "ela sempre fazia o oposto do que dizia antes!" (como falava Raul Seixas).

Entre essa senhora e a outra menina que certa vez me falou: "ah, eu não acredito em nada!"

O que pensei naquele dia e escrevo agora, gostaria que futuramente pudesse ser contestado!

Ora, ela não acreditava em nada: vida após a morte, vida antes da vida, Deus, Jesus, etc., por motivos bastante peculiares por sua conduta e sua maneira estereotipada de observar a vida!

Ser completamente materialista, talvez, poderia até ser perdoada devido sua ignorância natural e seu aparente retardamento mental, embora, fosse dotada de ótima forma física, linda face, bela boca, lindos seios, mas... a cabeça não funcionava!

Não acreditava em nada, porque a sua vida estúpida que tinha levado até então, nunca lhe permitiu um olhar mais perspicaz em torno, para avaliar qual a sua função na vida e qual sua situação no mundo!

Branca, nunca teve e nunca teria que passar pelo constrangimento que uma negra enfrenta para: conseguir um namorado, conquistar um novo emprego, viajar ao exterior etc.,

Jovem, saúde perfeita, ainda não se sentiu tentada apesar de todo apelo em contrário a se ajoelhar e pedir clemência a algum Deus, pois, garanto, esse tipo de gente, à primeira crise de hemorroida que tivesse, mudaria seu conceito acerca de seus preconceitos!

Bonita, nunca precisou e nem vai precisar se esforçar muito, para que rapazes briguem entre si, para granjearem sua simpatia e galgarem um lugar em sua cama!

Infelizmente, essa moça, vai ter que aprender com a própria experiência!

Se fosse sábia, refletiria e procuraria aprender e compreender com o exemplo do próximo e desses próximos, procuraria seguir Jesus, para lhe impedir sua colisão fatal com a realidade, quando o peso da idade, começar a esmagar a sua vaidade, doidivanas!

Quando, finalmente, os prefixos que iniciam os anos, começaram por QUA; CIN e etc., aí a desgraça é total!

Nessa altura, se a revolta , a insanidade, não cegar seu ponto de vista, tudo que poderá fazer é se dirigir a sua filha e falar: "filha, muda! Não caía nos erros que a mamãe caiu, quando olhava em torno e não viu futuro, somente o presente, onde eu era completamente auto suficiente, mas, tudo cai filha, preste atenção, tudo caí!"

E continuará amargurada orientando: "filha, tudo muda, existe o futuro e esse é muito bom para aqueles que respeitam o presente, não negligenciam o passado e preparam-se para ele, mas, é muito cruel criança, para aqueles que agiram como sua mãe!"

E continuará: "filha, tudo cai, a bolsa de valores, até aqueles torres, denominadas o 'WORLD TRADE CENTER' caíram, filha, quiçá seus peitos filha, quanto mais, a bunda!"

CAPÍTULO VINTE

DO SEXO MAIS QUE O CRIME!

Um por ser específico, outro por ser genérico, mas, nem por isso, na somatória geral deixam de ser incompatíveis!

O crime nesse mundo, possui um leque bastante genérico de más opções e nesse leque também está contido o sexo, este, por sua vez, se constitui um verdadeiro TABU!

Porém, as coisas seriam muito mais simples, se coração do homem não residisse o germe da maldade e consequentemente do crime e dessa forma, não seria tratado tão displicentemente aquilo que faz o porquê da vida, da existência dos seres e continuidade das espécies, enviadas sucessivamente por DEUS, o sexo...

Numa sociedade verdadeiramente civilizada, deveria prevalecer simplesmente os sentimentos, o amor, o carinho, o respeito, a dedicação e contato sexual, somente, para a reprodução dos seres!

E é justamente isso que não acontece!

Em primeiro plano reina o sexo, originando daí a luxúria, a orgia, os desvios de comportamento, a violência sexual e mesmo as mortes violentas!

Por exemplo, um sujeito namora uma moça por muito tempo, depois acredita ser o dono dela e não admite que ela o deixe e se junte a outro!

Falo assim, porque o homem por possuir a força bruta, procura usar desse expediente, quando percebe que no terreno dos sentimentos e da sensibilidade, fora preterido...

Depois, asseguram: "eu a amo, por isso que ajo assim!"

Mas, desconhecem que: paixão não é amor, amor não é apego e nem posse!

Os homens, não entendem que é preciso suportar o gosto amargo da derrota com firmeza, pois, a não ser que o mundo acabe logo, outras tantas centenas de pessoas passarão pela vida de cada um, inclusive, mulheres, homens!

O tema é bastante controverso!

Uma vida inteira de pesquisas, escritos, confabulações, interações, estudos, etc., não dariam tempo para especificar a complexidade da paixão, as diretrizes do amor e as loucuras do sexo!

Me perdoem, mas, se o sexo, não é um fim, então é sem contratida um meio de propagar novas vidas e formar novos corpos!

Então, algo está errado!

Não há terceiro sexo!

Homem, mulher e ... não, não há!

O que existe sabe o que é?

O que existe é a tolerância de DEUS, em permitir que o homem e a mulher exerçam seu livre arbítrio e sejam felizes, como acham que devem ser felizes, mas, convictos, de que todo mal espalhado, terá que ser recolhido!

Não sendo necessariamente um fim, nem por isso, o sexo, deixa de ser o mais importante meio de interação entre as pessoas, pela Natureza, de sexo, oposto!

Onde existe a controvérsia?

Na capacidade do homem de não resistir aos arrastamentos outorgados por esse misterioso sentimento!

Uns seguem a frente sem pensar e querem a todo custo um ser para se relacionar pela força do seu instinto e o que faz?

Não encontrando e possuindo seu senso moral, bastante obtuso, opta pelo estupro, não imaginando que o reverso da moeda será bastante constrangedor num futuro próximo!

Outro, não resistindo as insinuações dos seres do mal, não possuidores de corpos físicos, se atiram a satisfazer sua lascívia e optam "pela marcha á ré!"

É claro, é fatídico, é evidente, que Alexandre, por essa "tendência", diminuiu espiritualmente seu "Status", Leonardo Da Vinci, não, mas, ia ser morto, por causa de sua predileção pelas noitadas em companhia de rapazolas e não fosse sua influência teria sido morto!

No entanto, outros tantos se saíram muito bem agindo contrários às Leis naturais: Nero, Calígula, Heliogábulo e mais recentemente Agnaldo Timóteo!

A força do instinto sexual é grande demais, mas, nada há que uma vida voltada para o bem, não possa pelo menos minimizar!

Assim, quando surgirem aqueles pensamentos influenciando a mulher para ficar com mulher, é só fortalecer os pensamentos contrários e pensar contrariamente: não, eu quero homem, afinal, eu estou aqui!

CAPÍTULO VINTE E UM

O QUE DIFERENCIA O HOMEM DO ANIMAL E O ANIMAL DO HOMEM!

Para não ao ser muito mais controverso, numa primeira análise, até se pode supor, ser necessariamente o a predominância do instinto sobre a matéria , corroborado pela presença sobressalente de caldas, patas no lugar de mão e uma necessidade física e orgânica de andar de quatro, porém, nesse último caso, é flagrante e compreensível que o homem e a mulher não permaneçam em tal posição para preservar a honra da boa educação...

No entanto, há controvérsias...

Fato é que, muitos homens dão exemplo de selvageria, brutalidade, estupidez, incoerência, etc., vícios peculiares a raça humana, que passam plenamente desapercebidos no mundo dos bichos!

Em contrapartida, muitos animais, em particular o miserável chimpanzé, dá exemplo clássico, no sentido de exemplificar claramente, por seus "atos sórdidos" e violentos, que a espécie humana, teve origem em suas terras e em seu meio ardiloso!

Existe uma espécie de competição pela predileção da inteligência e pela predominância do instinto, ainda que inconscientemente de ambas as partes!

No entanto, no que tange a violência, os macacos e os humanos, são exatamente iguais!

Quando falo macaco, entenda-se primordialmente o Chipanzé em primeiro plano e em segundo plano o astuto babuíno!

Porém, sem dúvida nenhuma, a espécie que se assemelha no comportamento e instinto é a dos "pretinhos" de pelos e por favor, não há nada de racismo e sim teoria de comprovação "pseudo científica", tão somente!

Assim, na somatória das comparações e numa pequena escala de avaliação, a semelhança os símios dessa espécie, competem ombro a ombro com os humanos, pela sua sagacidade, por seu instinto de sobrevivência, muitas vezes por sua inteligência superior aos outros animais e é claro, por sua MALDADE nata na espécie!

Senão, vejamos!

O chipanzé, inclusive é canibal, derrubando por terra aquela minha imagem que eu tinha, que eram simplesmente adoradores de bananas, mesmo porque, acredito existirem poucos pés de bananas em seu "habitat natural!"

Sim, por ódio exacerbado, aos grunhidos, eles matam e comem sua própria espécie!

Muitos índios e ainda raras exceções à espécie humana, adotam ainda essa horrível prática!

Portanto, são iguais!

Brigam e guerreiam não só para acasalar como em outras espécies, mas, por acasalar também, pela ascensão a um melhor posto, por um melhor território de caça e etc.

No geral, são como um exército organizado, onde as patentes e os postos de comando, são distribuídos de acordo com o nascimento dos membros do clã, ou seja, quanto mais próximo do macho Alfa e da Fêmea Beta, mas, liberdade de ação, o monkey vai possuir!

Sendo assim, pode-se ver um macaco de menor envergadura física, menor estatura corporal, ter uma posição de comando avançado, em prejuízo de um outro mais avantajado, devido justamente a posição que ocupa em relação ao membro principal1

Enfim, reunidos para caçar, por alguns instantes, minutos, horas que seja, sua sagacidade, sua capacidade de rastrear, observar analisar, distribuir funções, é absurdamente organizados!

Há o batedor, ou seja, aquele que à frente do bando, tem a função de localizar as presas!

O comandante em chefe, logo atrás, daquele atribuindo outras tarefas, não menos importantes, como apenas com o olhar direciona este macaco para este lugar e para aquele outro local!

As fêmeas, dificilmente participam do embate, nisso, exatamente igual aos homens na composição de um exército e nas missões de ataque!

Note-se no entanto, que os macacos, não tem plena consciência dessa organização, se o tivessem, invadiriam, imediatamente o Palácio da Alvorada e o próximo passo seria, o povo brasileiro ser comandados por "humanoides símios", ao invés, de seres humanos inteligentes, como existem lá em Brasília, os políticos, aliás, tão inteligentes que somente aí se justifica o significado da reencarnação, pois, para os macacos atingirem a capacidade de serem seres humanos e daí passarem a ser astutos e políticos , demandarão muitas encarnações sucessivas!

Todo o bando composto, por outros tantos macacos espertos, prontos para matar e para morrer, as vítimas não tem escapatória!

Sabe-se lá porque motivos, eles tem uma predileção pela carne de um primo seu, denominado cólobos vermelhos, estes, sei lá, cinco, seis vezes menores, apesar da agilidade para praticamente voarem pelas copas das árvores, não tem a menor chance!

Não tem a menor de chance de competir com seu primo maior, mais roliço, mas, criminoso, mas, faminto e mais assustador e é claro, muito mais inteligente!

A inteligência dessa macaco, o chipanzé, está ligada intrinsecamente ao seu instinto e nisso, eles também se assemelham aos humanos, pois, o espetáculo de violência que proporcionam é sem contradita, uma espécie de "ensaio" do seu livre arbítrio, que vai usar um pouco mais adiante, quando ao invés grunhirem, iniciarem o seu processo de aprendizado nas comunicações tecnológicas e se tornarem adeptos do FACE BOOK, quando comprarem seus TABLETS e ficarem dependurados, nos canos dos ônibus, contando a história da vida de seu vizinho nas Redes Sociais...

Ou seja, tal avanço, só nu futuro (grande avanço).

Como eu dizia, inteligente, observa o pobre bando dos outros macacos assustados e identificam os mais fracos, os menores e preferencialmente as macaquinhas que transportam filhotes no colo para atacar e acredite, sem dó nem piedade!

Exatamente como esses marginais que ficam prostrados em alguma esquina do Brasil, à espreita da próxima vítima, a espera de uma vítima em potencial, geralmente: mulheres desacompanhadas, idosos e idosas e aqueles que aparentarem não possuir uma capacidade rápida de reação...

E atacam...

Esses aqui roubam bolsas, sequestram, violentam e tantas vezes matam!

Aqueles, simplesmente matam!

Na verdade nem haveria necessidade de serem dessa forma, pois, nas florestas em que habitam tem vegetais o suficiente, castanhas, frutas, etc., no entanto, sua predileção por carne, é flagrante!

Abatidas as presas, resta a briga pelos despojos!

Os "grandões" (na hierarquia), comem primeiro, o resto do bando, inclusive, os próprios caçadores, comem do que sobrar se é que vai sobrar alguma coisa!

Depois, procuram por algumas hortaliças e concomitantemente, coadjuvam um pedaço de carne e uma folha de planta, uma folha de planta e um pedaço de carne vermelha ensanguentada!

Não se turbe, é exatamente igual ao que acontece com os seres humanos, quando entretidos em seu jantar, numa churrascaria: um pedaço de picanha, um pouco de salada, um pouco de salada e um pedaço de cordeiro!

Mas, dirão uns: "eu não mato o animal!"

Aí um outro menos prepotente e mais ponderado dirá: "mas, come!"

Na verdade, quem come, e eu estou nesse rol, é tão culpado quanto aquele que mata!

O sujeito rouba um banco, distribui dinheiro aos montes na comunidade e aqueles que pegam semelhante dinheiro, asseveram que só pegaram o dinheiro porque o outro doou... hipocrisia!

Participou direta ou indiretamente do Furto, do Roubo a banco, caixa eletrônicos, empresas de segurança, da Petrobrás, etc., são todos "farinha do mesmo saco", eu falei... TODOS!

Quem enfia o garfo na picanha e passa a faca naquele naco de carne e o empurra goela abaixo, acabou de cortar a cabeça da vaca e picotou seus órgãos vitais!

CAPÍTULO VINTE E UM

A RESPEITO DA PREDOMINÂNCIA DO CORPO EM PREJUÍZO DO ESPIRITO!

Às vezes, eu me torno tão repetitivo, que ao contrário da música do Compositor, ao invés de ficar com "dó" de mim, tenho raiva!

Isso porque, as repetições sucessivas de princípios de moral, espiritual, se faziam necessárias antes e hoje, muito mais necessárias ainda, por mais que os séculos e os milhares de anos, tenham distanciado, esta das outras humanidades!

Parece elementar, mas, por incrível que pareça não o é (?!)

Se é desesperador ser pobre é muito difícil ser rico!

Veja bem, isso posto, sobre a ótica de uma vida espiritual e consubstanciado em leis que justifiquem o bem e amaldiçoe o mal, como se conhecem!

O pobre sem visão (espiritual) e sem se esforçar para a adquirir, torna-se inevitavelmente: invejoso, preguiçoso, revoltado, arrogante, inconformado, insubmisso!

Enquanto que o rico, torna-se: orgulhoso, vaidoso, materialista cada vez mais, desconfiado, déspota, tirano, ditador, racista, preconceituoso, etc., se não for guiado, em algum ponto de sua vida, por algo, que lhe faça crer, que ninguém é tão importante assim... eu disse ninguém, isso inclui o PAPA no Vaticano, o dono do novo templo Edir Macedo, o Valdemiro Santiago e seus pares!

O que pode sabe saber, por exemplo, a respeito da salvação de almas, um padre metido numa batina costurada à fio de ouro ou um pastor, que é considerado um dos mais ricos do mundo, devido as contribuições vultosas do dinheiro de seus fiéis?

Um colega de serviço, disse que eu não gosto do Edir, somente porque ele é rico...

Semelhante alma, já está perdoada, devido ao tamanho de sua ignorância e devido ao tamanho de sua insensatez, por ser simpatizante, direta também, daqueles seres, que aproveitando uma oportunidade de exercerem a liberdade, "blind", "crazy", criaram um bezerro de ouro, para ser homenageado!

Semelhante ser, já está perdoado, embora, não abençoado!

Sendo assim, não é fácil adquirir uma cultura espiritual...

E quem foi que disse que era fácil: Jesus ? Isaias? Jeremias? João Batista? João o

Evangelista? Moisés? Pedro? Matheus? Paulo de Tarso?

Muito pelo contrário, e isso afirmaram sistematicamente e nesse caso vale, repetir, o que disse o maior de todos os profetas que rapidamente, nos deu o ar de sua abençoada graça, Jesus Cristo:

"Entrai pela porta estreita , porque larga é a porta da perdição e espaçoso o caminho que a ela conduz e muitos são os que entram por ela. – Quão pequena é a porta da vida! Quão apertado o caminho que a ela conduz e quão poucos a encontram!"(S. Mateus, 7:13-14)

Como se vê, como disse o Cristo, não é fácil conquistar uma posição de destaque no mundo espiritual, ainda que, vivendo mesmo na Terra!

Mas, uma coisa é certa!

Esse culto ao corpo terá que ter um fim inevitavelmente!

E o corpo, não é somente o corpo especificamente, são também os templos, as igrejas, as estátuas, etc.

No passado, alguns, digamos assim, vai sábios, convictos (era opinião deles), que o povo não se fazia merecedor de receber o conhecimento sobre os mistérios da vida do espírito, de todas as formas, tentavam ocultar a chamada sabedoria e dificultar o acesso da "massa", àquilo que eles chamavam de conhecimento sagrado!

Hoje, o conhecimento é facultado a todos, mas, nem todos querem qualquer coisa com o tal do conhecimento!

Mas, no fundo, isso é perfeitamente compreensível! (não aceitável)

Seres que vivem numa espécie de infância espiritual, tem grande dificuldade para compreender a quinteessência da matéria, a eterilidade, o infinito, a imensidão o espaço, quiçá, eternidade!

Esse comportamento, é verdade, mais se dá nas altas camadas, onde todos os anseios materiais estão plenamente satisfeitos, mas, acredite, à primeira dor de barriga, eles gritam!

Não há como, um ser tendo nascido filho de uma mãe e de um pai, pertencente a raça humana, por mais abastado que tenha vindo, passar todo o tempo e o tempo todo, negando...

A hora próxima a morte de algumas personalidades, personificam bem ao que me refiro...

Fernando Pessoa, o poeta materialista que o diga!

Passou a vida inteira negando, quando viu "estacionar a sua porta, o táxi para o além", não teve dúvidas!

Sem óculos, se dirigiu a alguém que estava ao lado e assim falou: "dê-me meus óculos, quero contemplar a eternidade!"

CAPÍTULO VINTE E DOIS

AINDA SOBRE O CULTO AO CORPO!

Gostaria imensamente, antes da minha morte, encontrar um homem e uma mulher coerente... de verdade!

Cada ser humano, age como se fosse dono do próprio destino, senhor de sua vida e tutor de sua alma e aparentemente, tudo parece indicar que as coisas são assim!

Razão pela qual, os seres tem a velha mania de se expressar da seguinte maneira, como se possuíssem alguma coisa e fossem gestores do mundo: a minha empresa, a minha esposa (o), o meu filho, o meu carro, o meu espírito, o meu corpo...

Mas, a verdade é bastante constrangedora: ninguém é dono de nada!

E quem é dono de tudo?

Ele, a Inteligência infinitamente Superior!

A incoerência, no entanto, surge a partir do instante em que, enquanto uns, vivem voltados completamente para o culto ao corpo, outros, com seus corpos quase "decomposição em vida", restaria cultuar o espírito, mas, como nem nisso acreditam, ficam sem muitas opções!

Obviamente, a grande dúvida é a seguinte, será que esse ser, aí decaído, cujas moscas, fizeram de seu bumbum "um campo de pouso" se estivesse no lugar do antigo "Eike Batista" (o milionário, não esse "pobretão") agiria de forma diferente?

Não!

É justamente por isso, que aquelas pessoas diferentes, fazem coisas completamente bizarras, aos olhos do mundo, devido ao seu comportamento diferenciado, veja por exemplo, o caso do Mahatma Gandhi!

Naturalmente, por força de sua personalidade, associada logicamente a sua grande bondade, foi ter com os "intocáveis!"

Não! Não foi a equipe montada por Elliot Ness, para encarcerar o temido "gangster" Al Capone!

Trata-se de uma casta de pessoas, naturais, obviamente da Índia, cujo antepassados e descendentes, estão destinados completamente a serem escravos dos piores escravos no país existente!

Tudo que a novela da Globo mostrou em seu "Caminho das Índias", não é verdadeiro!

A plasticidade do povo indiano (me perdoem a outra grande maioria), é sofrível!

Sua cultura fragmentada é confusa!

Talvez foi por isso, que quando os Nazistas, por lá estiveram em busca de localizar seus antepassados "arianos", acabaram desaprendendo o pouco que sabiam sobre seres humanos, e acabaram ficando mais burros do que antes e... perderam a guerra!

Mas, antes de falar dos "intocáveis", gostaria de falar do Al Capone, o gangster, pessoa que eu, na minha juventude, sempre tive em alto conceito, pois, acreditava que seu mundo era uma espécie de sonho encantado: belas mulheres, muito whisky, muitos dólares, etc., quando na verdade ele vivia num completo submundo!

Por que a referência marginal?

Porque pelo período em que vivi em minha juventude, acreditando mais na teoria de uma vida melhor, do que propriamente na realidade de uma boa vida, ainda assim, acreditei, que aquela figura era o exemplo de "bandido clássico a ser invejado, cultuado e seguido!"

Mas, a realidade era bem outra!

Al Capone, Don Corleone, o "Poderoso Chefão", Pablo Escobar, etc., não passavam de criminosos, aliás, grandes criminosos!

O mundo de Al Capone, era sórdido!

Padecia de um tipo de "doença", englobado e abrangido pelo CID-10 , F-20, do Código Internacional de Doença, cuja dupla personalidade, o fazia extremamente astuto e perigoso, por isso sua grande diferença de outros gangsters!

Frio e calculista, era um "excelente" pai e um ótimo filho!

Sua casa era discreta, e não fosse pelas visitas vez ou outra de seus "sócios", tudo passaria despercebido!

Era modesto, não ostentava riqueza!

Ocorre que seus armários de cozinha de madeira rústica e grandiosos, junto com especiarias, macarrão, queijo, algumas garrafas de vinho, etc., à vista de todos (de todos da casa, é claro), guardava nada mais nada menos que milhares e milhares de dólares, era um homem de família, que não levantava suspeitas...

No entanto, do outro lado da cidade, mantinha mobiliado, abastecido e preparado um apartamento, onde se reunia com seus "homens" e suas prostitutas, amantes, "homens de negócios" (escusos), discutia morte, vida dos amigos e é claro dos inimigos!

Fato é que, tudo que não podia fazer em sua casa, ali, ele se esbaldava, literalmente: sexo, droga, bebida e... rock'n roll... talvez tango...

Dia seguinte, estava ele de volta a sua rotina!

Terno impecável, chapéu, sapatos brilhantes e a velha aparência de bom moço até... ser pego no I.R., isso porque não nasceu no Brasil, bastaria arcar com a multa e... estaria tudo certo!

No entanto, Gandhi, ousou ajudar os "intocáveis" e conversar com aquela gente, cuja existência estava e está destinada a simplesmente limpar as latrinas daquele povo, cuja limpeza é ainda bastante duvidosa!

Lá, os da religião muçulmana, apreciam carne, porém, os indianos não as comem, porém, sabe-se que há uns moradores das margens daquele rio imundo (é claro, que perto do Tietê, Rio Pinheiros e Tamanduateí, é uma verdadeira fonte de água mineral), que comem... que comem, cadáveres!!!

Com que objetivo?

Mostrar ao mundo o seu desprendimento da matéria e segundo eles, o seu apego ao espírito!

Aí também, já é demais!

Desde quando comer fezes, cadáveres, etc., faz o espírito ser melhor do aquele que come vaca das duas espécies?!

Sob esse aspecto, acho que alguns deles, não entenderam muito bem o que dissera Jesus, no que tange a contaminação do ser humano!

"Não é o que entra pela boca que contamina o homem e sim o que saí dela!"

Para eles, esse preceito deveria ser anulado, pois, desde quando comer carne humana podre não contamina um homem e não o leva a morte?!

Fiquei pensativo observando aquele pobre infeliz!

E eu confesso, que ficaria contente, se aquele ser caído, rodeado de moscas, pudesse pelo menos ser um cultuador do corpo tão somente, para simplesmente ter que se preocupar com o futuro do seu espírito!

Pois, do jeito que ali estava a única esperança para si, seria depositar esperança no espiritual, ocorre que, não tendo nenhuma nem outra coisa, o que lhe restaria agora é deixar sua vida a cargo do seu amargo destino... sem no entanto, ter nenhuma consciência disso!

CAPÍTULO VINTE E TRES

AINDA SOBRE O FENÔMENO DA MORTE PROVOCADA!

Existe o velho ditado: cuidado com o que desejas!

Eu diria mais: com o que desejas, sim, e principalmente, cuidado com o que falas!

Independentemente das consequências futuras, da condenação preconcebida na matéria, ninguém deve ser julgado e muito menos, o pobre suicida!

Quem nunca passou por momentos de desespero?

Quem nunca se sentiu completamente angustiado, acossado pelos problemas, teve certeza que não conseguiria mais?

Quem nunca sentiu o desejo de por fim a própria existência e ao invés disso tomou uma e... esqueceu?

Porém, existe pessoas mais determinadas que levam esse fato ao extremo e num momento de insanidade, de loucura, infelicidade, solidão, amargura, etc., põe fim a própria existência!

É um ato tresloucado, que jamais deveria ser imitado por outros, mas, quanto mais acontece, mas, atos como esse se sucedem!

Só existe uma coisa que pode salvar o homem e a mulher, dessa insanidade: a fé!

Ou seja, "o firme fundamento das coisas que se espera e daquilo que não se vê!" Paulo, o disse, essa, associada a esperança!

Esse tipo de pensamento profundamente introspectivo e extremamente peculiar, somente a pessoa com sua crença e seu desejo de melhorar sua vida, pode seguir adiante para viver uma vida melhor!

Preciso se levar em consideração que uma vida melhor não quer dizer, ganhar na mega sena, na loto, na loteria e ficar milionário...

Uma vida melhor, não significa herdar uma herança de algum parente distante e desconhecido e milionário, não!

Quem estabeleceu que a felicidade significa estar com os cofres cheios, possuir uma casa lá em Beverlly Hills, outra em Miami Beach, outra lá na Suíça e lá mesmo uma conta bancária...

Quem estabeleceu esse conceito de felicidade, não foi Jesus e nem os profetas!

Foram os homens: tem dinheiro é bem aceito, não tem é renegado!

Tem beleza faz parte do clube, não tem é desprezado!

É branco e branca, seja bem vindo, é preto, chama a polícia!

Tudo isso, a princípio, pode parecer significativo, mas, compenetrando-se que o homem e a mulher, por não saberem necessariamente, de onde vem para onde vão e por que estão na Terra, nada faz muito sentido, no entanto, mesmo pelo pouco tempo, que se fica por aí, o valor que se dá a curta existência, é verdadeiramente incompreensível!

E não deve ser assim!

Mas, para se pensar dessa forma, se faz necessário acreditar verdadeiramente que nada mais somos que passageiros, nessa "condução" desconfortável, que se chama Terra!

O segredo está justamente em saber se portar diante das dificuldades, da tristeza, da solidão, da frustração, da paixão , etc., pois, no fundo, tudo não passa de lição para um futuro aprendizado!

Passei alguns meses, em busca de um livro escrito por célebre Psiquiatra, que teve uma passagem lá por alguns Campos de Concentração, na Alemanha particularmente, num dos piores deles, o tal de "Auschivitz", este localizado na Polônia, cujo sofrimento dos Judeus reclusos, lembrou em muito o que passou Jesus, em sofrimento!

Liberto, o Psiquiatra, passou a dar continuidade a sua carreira, coma diferença, no entanto, de ser um profundo conhecedor dos descalabros cometidos contra seres humanos, além de presenciar o assassinato de muitos de seus mais próximos familiares!

Qual não foi minha surpresa e frustração, ao ler primordialmente o chamado e-book, antes de comprar o livro e ao me deparar com uma frase na abertura do livro: "Um Psiquiatra No Campo de Concentração!" sofri um baque!

Ora, o médico começa suas sessões com seus pacientes da seguinte maneira: fazia-lhes algumas perguntas e pelas respostas direcionava seu tratamento, logicamente, já com um diagnóstico!

No entanto, foi sua pergunta de entrada, que me fez suspender imediatamente a leitura do livro. Eis a primeira pergunta dele ao paciente: "por que você vive? Por que você não se mata?"

Para mim, qualquer outro argumento vindo após essas perguntas, para justificar uma resposta, já estaria comprometido!

De onde foi, que um homem, um sobrevivente, tendo sobrevivido aos horrores do Campo de Concentração Nazista, vir com uma pergunta como essa, pois, acredito, que segundo seu entendimento, a resposta poderia orientar um futuro tratamento!

Ou seja, acreditava talvez, eu acho, que o paciente poderia responder, assim: "eu não me mato, porque quero vencer!' ' Não me mato porque tenho fé na vida!"

Um futuro suicida nunca iria lhe responder coisa alguma e em seguida, colocaria fim a sua existência!

É um caso típico do "tiro sair pela culatra"; "tiro no pé", porém, "não fogo amigo", isso, seria fogo inimigo mesmo!

Alguma dúvida quanto ao método?

Então é só imaginar o médico dirigindo-se a sua filhinha adolescente com problemas típicos da idade e da puberdade e perguntar: "por que você não se mata?!"

Eu não vi o original, pode ter sido um erro de tradução, no entanto, seja como for, para não haver nenhum dano seria muito mais fácil o médico perguntar o seguinte: "sua vida é importante, viva!" "Não desista nunca, meu caro e minha cara, eu enfrentei os Alemães e sobrevivi!"

Sei lá, por qual "cargas d'água", ele tira lá da cartola e me vem com essa: "por que você não se mata?!"

O suicida em potencial, sem dúvida alguma,responderia logo em seguida: "ótima ideia!"

CAPÍTULO VINTE E QUATRO

PIOR QUE A FORTUNA; À FAMA!

Um homem, verdadeiramente sensato, abomina a lisonja, conforma-se com uma vida simples e deve sim, recear o "glamour" e a fama!

Será que não foi o bastante o exemplo dado, por exemplo, pelo rei do pop MICHAEL JACKSON? WHITNEI HOUNSTON? JIMI HENDRIX? JANNIS JEOPLIN? AMY WINNHOUSE? KURT KOBAIN?

Fico indignado, quando esses programas de fofocas exibidos geralmente no meio das tardes e vez ou outra, pacientemente assisto, quando não tenho outra opção, e ao se referir a tal ou tal pessoa, referem-se: "agora os famosos!"

Essa afirmação se assemelha aquela outra: "e agora o futebol!"

Será que eles imaginam que existem pessoas que não estão nenhum pouquinho preocupadas com o futebol e nem com a vida dos chamados: famosos?!

Particularmente, eu quero que os famosos e os jogadores... sejam felizes!

São famosos, tá certo e daí?

Como são a vida deles?!

Vivem em algum mundo à parte?

Não comem? Não bebem? Não sofrem? Não morrem como o resto da humanidade?

Portanto, não são deuses, são homens e mulheres comuns e é claro, eles mesmos se equivocam, quando começam acreditar que são aquilo realmente que dizem que são: superiores!

Outro dia, ao ouvir uma fala do "rei do futebol", fiquei estupefato!

Ele, dirigindo-se a um interlocutor, falando sobre si mesmo, disse: "é o rei que está falando..."

Menos, um pouco eu acho!

Uma coisa é compreender a alucinação das massas para elogiar, o endeusamento a que são submetidos, pela própria cultura popular!

Outra coisa é realmente acreditar ser completamente diferente! "Sangue azul!"

O que existe são apenas, como diriam os americanos "OPPORTUNITY!"

Não proporcionada pela vida simplesmente, mas, pelo DOADOR dela!

Sendo assim, que comprometimento moral, tem um rapaz com poucos anos de idade e muitos milhões de dólares na conta, fazendo a propaganda de um objeto que sabe-se perfeitamente desde muito tempo, ser um golpe?

Qual o seu comprometimento, uma vez, que só acredita no dinheiro e fama?

Resposta: nenhum!

Qual o comprometimento do macaco, quando mata um outro da espécie próxima para comer?

Qual o comprometimento para com a humanidade, quando assassina uma criança, uma anaconda, cujo cérebro é um pouco maior que um grão de ervilha?

O ser humano foi feito para usufruir tudo que a Terra, a sociedade, as oportunidades lhe permitirem, no entanto, precisa deixar sua contribuição para com o mundo, mas, como referência, precisa usar como "termômetro" o seu bom senso, este, envolto, na vaidade, no orgulho, na sensualidade, na promiscuidade, se deixar levar pela maioria e aí, o Planeta, começa e lhe refrescar a memória!

Tsunamis, vendavais, maremotos, aquecimento global, etc., acredite se quiser, o MUNDO é vivo... e "espero!"

Vou citar exatamente o que vi!

Outro dia, de viagem ali pela Rodovia Castelo Branco e aproveitando o chofer gratuito, tirei algumas fotos, para... é claro, postar no tal do FACE!

Outrossim, entretido com o verde esplendoroso que eu simplesmente adoro, tomei um susto, quando visualizei uma área com milhares de hectares, completamente devastado, provavelmente para construção de alguma multinacional!

Fiquei preocupado!

Não comigo mesmo, pois, daqui a algumas poucas décadas "vou ter com meus antepassados, meus amigos e inimigos..."

Mas, com meus filhos!

Que espécie de ar eles vão respirar!

E me preocupo!

Penso comigo mesmo: "será que sou somente eu a nota dissonante na orquestra para detectar semelhante 'assassinato' do meio ambiente sem ninguém tomar nenhuma providência?!"

Os "famosos", também precisam contribuir com sua participação na conscientização das massas, pois, do contrário, num futuro não muito distante, todas as atenções do mundo, e os holofotes da fama, não mais pousarão sobre eles e sim, sobre a devastação do planeta!

Ademais, se a fama trouxesse felicidade, aqueles músicos acima citados e cientistas também, não teriam morrido prematuramente e muito, muito mal!

CAPÍTULO VINTE E CINCO

COMPLETAMENTE PERDIDO NO TEMPO E NO ESPAÇO!

Não, não sou eu... se o fosse, hoje, eu o diria!

Aliás, já estive assim, hoje, não mais!

Algumas, vezes, é verdade, sou surpreendido pelas mulheres, dada, sua imensa singela, mas, de resto, sem bem o que quero, porque quero e para que eu quero!

Me refiro, a um ser, um senhor de meia idade que encontrei antes de ontem!

Ah! Maldito vicio!

O homem e a mulher escravo dele, não possui mais liberdade, individualidade, direito de ir e vir, sensibilidade, e ainda por cima caem no alto engano de acreditarem fazer tudo o que querem e desejam, quando na realidade, fazem exatamente o que seu vício manda: roubam, matam, se prostituem, etc.

Mas, um pouco "menos pior" do que esses desejos devastadores, existe ainda, o vício legalizado, o qual sob o pretexto de servir de estimulante em algumas vezes, relaxante em outras, dominam aos poucos os incautos e vagarosamente, assim, como uma teia de aranha, vai envolvendo o usuário, o qual, quando se dá conta, está dominado!

Assim, o amor próprio excessivo conduz ao inevitável narcisismo!

Mas, usado "com moderação", como um veneno que pode restituir a cura de um grande mal, ele não só pode salvar vida, mas, pode transformar uma existência basicamente inútil, numa jornada produtiva!

Porque, se uma pessoa não se ama, não pode conseguir uma transformação, geral, total e irrestrita de seu espírito e de seu caráter!

É preciso moderadamente se amar e ter coragem vez ou outra se olhar no espelho e perguntar para si mesmo: "o que eu estou fazendo de minha vida?!"

A resposta pode incentivar a continuidade das mesmas atitudes ou pode supervalorizar pequenos valores e transformar seres com pouco cabedal intelectual e moral, em déspotas sociais, desde que se lhe surja a oportunidade correta!

Um certo ladrão vulgar, saltimbanco mesmo, assessorado pelas pessoas certas e amparado outros tantos comparsas mais poderosos, tornou-se um ditador odiado, no entanto, foi justamente essa sua astúcia, adquirida nas ruas como salteador, que o fez, agir de forma correta para enfrentar seu arqui-inimigo ditador também, mas, menos odiado (Hitler).

Stalin, foi o exemplo típico, do que o amor próprio excessivo, pode fazer com uma pessoa comum e muito feia por sinal e cheia de trejeitos e manias ridículas!

Fui tomar a lotação no ponto final ou inicial...

Ali no interior daquele transporte, mais precisamente no assoalho do mesmo, havia um senhor deitado, com a cabeça apoiada num cano transversal, "tranquilamente" respirando e imóvel!

Não consegui entender a situação, pois, o 2 + 2 não estava dando quatro!

Avaliei: alguma coisa não estava se encaixando naquele cenário!

Seria o cobrador (trocador, para os cariocas) tirando uma soneca?

Seria o motorista, que cansado, aproveitou o intervalo entre uma viagem e outra e resolveu repousar?

Minha dúvida logo se dissipou, quando o "titular" do assento do motorista chegou e falou: "vamo, tio, desce que eu vou embora!"

O homem, então, foi despertando aos poucos, olhando em volta, assustado, sem entender absolutamente nada!

Trôpego, cambaleante, teve dificuldades para descer, os dois degraus do coletivo, que separava-o do chão e de um grande tombo...

Desceu e "firme" no chão, já foi logo acendendo um cigarro, com as mãos um pouco trêmulas, é verdade!

Foi aí que meu julgamento entrou em ação:

Como pode um ser humano chegar a tal estado de existência?

Beber, beber até perder a consciência, depois cair, dormir em qualquer lugar, depois levantar completamente confuso e ir beber de novo!

Com certeza, acredito que essa não foi a vida que seu pai e sua mãe, quando do seu nascimento desejaram para si!

Com certeza eles não disseram um para o outro: "aí está nosso filho, no futuro ele será um "grande" cachaceiro, para ser enxotado pela sociedade e sem perspectiva de cura, vai beber até morrer e talvez muito além!"

Não, não!

Esse não foi o diálogo que sua mãe travou com seu pai e vice versa!

Naturalmente, acreditaram que seu filho seria um grande homem, trabalhador, útil ao semelhante e batalhador incansável na existência... até conhecer aquilo que o levaria para sua depravação e morte lenta, o álcool, antes mesmo de chegar ao cinquenta e poucos anos!

O crack, a cocaína, os ácidos, são vícios devastadores, porém, o álcool, não ficou muito atrás, com a diferença que mata sorrateiramente e é chamado lícito!

Existem propagandas de cervejas, simplesmente repugnantes, mas, como as pessoas são movidas pela aparência, acredito, se deixam levar propositadamente pela onda!

Loiras, morenas, etc., mulheres esculturais desfilam simbolizando o poderio, o poder, a fama, a virilidade sexual, etc., quando na verdade, todo mundo sabe que quando o sujeito ou a sujeita, bebe a última coisa que ele vai conseguir (no caso dos homens) é ter uma ereção, nesse quesito, as mulheres levam ampla vantagem!

Aquela loira da b. grande, desfilando "no verão", pode ficar só de biquíni no rosto do sujeito e se ele estiver bêbado o máximo que vai conseguir é tocar com as mãos, mas, se estiver de ressaca, o máximo que vai pedir é: "um copo d'água, pelo amor de Deus!"

Broxante, desestimulante, geradora de impotência a bebida, é sem contradita um vício letal, principalmente para o moral e é claro, para o desempenho sexual!

E nem adianta contar vantagem e nem tentar contradizer essas prerrogativas, pois, além da Ciência, já o comprovar, no passado eu também o comprovei!

Para o sujeito que bebe, quando está bebendo ele só pensa em uma coisa: "continuar a beber!"

Outro dia, um colega estava me mostrando as fotos de seu casamento!

Rapaz jovem, casado jovem com uma moça jovem, exibindo sua façanha de está bebendo cerveja, simplesmente numa jarra de quase um metro de cumprimento!

Duas almas equivocadas!

Ela, a moça, achando que está conseguindo um marido e ele acreditando ser um bebedor social!!

Não precisa ser profeta, para visualizar-se o desfecho final!

Se suportar o "aspirante"a cachaceiro vai ter que renunciar àquilo que as mulheres tanto apreciam e logicamente o homem também: o sexo!

E mais: se o trair, a sociedade, nunca vai estar do lado dela!

E quando resolver conversar com o marido sobre o caso, ele simplesmente vai lhe dizer, que a bebida não é o foco de seus problemas e sim suas preocupações!

Com muita sorte, depois de alguns anos, bebendo, caindo, ressecando, apanhando, etc., vai chegar a uma simples conclusão: "acho que a bebida..."

Mas, se persistir, pode ter certeza, sempre haverá um cano transversal, colocado num micro ônibus, caprichosamente colocado, para receber o próximo dorminhoco "perdido completamente no tempo e no espaço!"

CAPÍTULO VINTE E SEIS

A GRANDE TRAGÉDIA, PODE SER A MELHOR DAS ALEGRIAS!

Pode ser, porque é uma escolha perfeitamente individual!

Mas, não existe nada mais triste!

Não há nada mais constrangedor para os seres humanos, do que um pai se despedir de um filho "para sempre!"

Uma esposa do esposo!

Um irmão, quando existe afinidade, é claro (que não é o meu caso), de outro irmão!

Um amigo de um amigo e assim sucessivamente!

Tocar a mão gélida de um ente querido, quando pouco tempo antes, havia calor, havia sorriso em seu rosto, havia pulsação em seu coração, etc., é arrasador!

A melhor das crenças, quando muito pode fazer, é minimizar a tragédia e suavizar o impacto da despedida!

Fico observando essas pragas de religiões que tomaram conta do mundo, somente pensando em usufruir e ensinar as pessoas a pensarem somente no corpo em detrimento do espírito, ' que espécie de consolação podem oferecer, para uma dessas pessoas acima mencionadas, que acaba de perder, um filho pequeno!

O negócio é tão chocante, que JESUS, ao se aproximar de LÁZARO, o morto e posteriormente RESUSCITADO, chorou!

Apesar de saber da capacidade do seu próprio poder, se emocionou e chorou!

Mas, somente quem não sentiu ainda a dor dessa perda, como por exemplo aquela minha ex-colega de serviço, quando asseverou: "não acredito", que com certeza, em sua vidinha inútil, nenhuma dor de barriga deve ter tido, para se poder dar ao luxo de acreditar naquilo que pode lhe trazer consolo e paz!

Com certeza: "não são os que gozam saúde que precisam de médico!" (S. MATEUS, cap. IX, vv. 10 a 12.)

Ou seja, ainda resta aqueles que vivem felizes com suas próprias vidas, a prerrogativa de viver longe de qualquer auxilio "externo", desde que ainda conte e confie plenamente, em suas próprias forças!

Tudo isso é muito bom, para aqueles cuja diversão e curtição, suplante sobremaneira, sua razão e sua noção de realidade, ao dar mais valor as baladas, a farra, a bebida, a droga, ao sexo, rock'n roll, etc.

Mas, muita coisa se dissipa, pode me acreditar, quando o indivíduo, toma da alça do caixão de seu pai, de sua mãe, etc. e todo o seu passado vem à tona e momentos felizes, apesar de tudo, voltam insistentemente para machucar profundamente a recordação daquela alma aflita... isso chama-se simplesmente: realidade sem plasticidade!

A isso, todos estão submetidos, mas, o importante é jamais desdenhar esse momento!

A alegria do nascimento, a morte e a dor da despedida, estão todos os seres humanos submetidos, sem distinção!

Mas, ainda que eu fosse a figura mais ignorante da face da Terra e por um acaso houvesse tido a sorte de ler as frases de JESUS, estilo: Que vosso coração não se turbe. Crede em Deus, crede também em mim. Há muitas moradas na casa de meu Pai; se assim não fosse, eu já vos teria dito, porque eu me vou para vos preparar o lugar e depois que eu tenha ido e que vos tenha preparado o lugar, eu voltarei e vos retomarei para mim, a fim de que lá onde eu estiver aí estejais também". (São João, cap. XIV, v. 1, 2, 3).

Ou, em como consta em trecho de APOLOGIA DE SÓCRATES: « **- Seria de estranhar este meu procedimento [temer a morte], Atenienses, se, tendo permanecido firme no** posto que me foi indicado pelos chefes eleitos por vós, para me comandarem em Potideia, em Anfípolis e em Délio, depois de ter ali desafiado a morte, como tantos outros, agora desertasse, por temer a morte ou qualquer outro mal, do lugar que me foi indicado pelo deus de Delfos, mandando-me, como julgo e creio, viver filosofando, estudando-me a mim e aos outros. Seria algo de terrível então sim. Então, teríeis razão para me citar em tribunal, para me arguir de não crer que há deuses, porque desobederia ao oráculo, com temor da morte, pensando ser sábio sem ser sábio.

Na verdade, cidadãos, temer a morte não significa mais do que julgar-se sábio sem o ser, significa pretender saber o que se ignora. <u>Com efeito, ninguém sabe o que é a morte, ninguém pode afirmar que ela não é a maior benção para o homem, mas os homens temem-na, como se soubessem que ela é o pior dos males.</u> E não será a mais represensível ignorância, essa de julgar conhecer o que não se conhece? Talvez que, neste assunto, cidadãos, eu seja diferente da maioria. Se algo há em que afirme ser mais sábio do que outros, é aqui: que nada sabendo de certo sobre o Hades, eu não penso que sei. No entanto, sei que uma acção injusta, a desobediência aos superiores, sejam deus ou homem, sei que é um mal e uma desgraça. Por isso, não poderei aquiescer a temer

e a tentar evitar aquilo que ignoro se é um bem, mais do que evito os males que sei serem males.

Quem sou eu e que prepotência seria a minha, para saber de minha limitação como ser humano, desdenhar os conselhos daqueles que me antecederam na viagem na morte e muito mais experientes e superiores, deram exemplo com suas vidas e em suas mortes deixaram todo um legado para o mundo?!

Pela ignorância eu poderia até recusar a crer, mas, pelo bom senso sou obrigado a saber que a vida é muito mais e a morte, apenas transição de um estado para o outro, embora a dor que se sente, quando joga-se a última pá de terra sobre o caixão de um próximo "de cujos", ou quando o coveiro, encaixa o último tijolo no túmulo, é inenarrável!

Por isso, a necessidade urgente de uma crença verdadeira, bastante diversa daqueles pregadas pelos "reis" das falsas religiões, pretensos apóstolos, que usam aquela capa de super-heróis nas costas, como se fossem os "salvador do mundo!"

CAPÍTULO VINTE E SETE

A EQUIDISTÂNCIA DA CREDIBILIDADE E DÚVIDA!

A distância é exatamente a mesma!

Tanto para acreditar, quanto para não crer em absolutamente nada!

O esforço teoricamente, também é exatamente o mesmo, exceto pela recompensa que se terá!

Fato é que, quer se acredite ou não, o tempo passa e o futuro inevitavelmente chega, a questão é particular e cada escolhe como quer que o futuro chegue!

Isso, levando-se em consideração simplesmente a vida, bom, além dela a questão é muito mais grave!

Meu pai, minha mãe, morreram acreditando naquilo que a maioria da humanidade acredita: mais na vida e nada na morte, ou seja, na passagem!

Mas, o que de verdade diferenciam os homens e as mulheres claro, não é de maneira nenhuma a cor da pele, a beleza física, sua riqueza, sua descendência, etc., o de fato diferencia-os é seu estado moral e consequentemente, seu estado espiritual!

Não acreditar em absolutamente nada e viver como que se a vida desse tudo, é estupidez!

E "na primeira dor de barriga", o indivíduo que não crer sente-se completamente acuado, enfrenta os problemas sozinhos e amaldiçoa o dia que nasceu, isso, se não fizer igual uma conhecida minha, que se dirigia a seu pai e sua mãe e em tom ameaçador, afirmava "que não tinha pedido para nascer!"

Uma pessoa como ela até que poderia estar onde ela imaginava que estava e na condição que se encontrava: como um verme ou uma lombriga na barriga de sua mãe e num ato sexual, trouxeram-na para fora e deram-lhe à luz!

Para pessoas assim, a única linguagem que compreendem é a de ter, possuir, conquistar, etc., não respeitam os limites do semelhante, mas, incomodam-se sobremaneira, quando tem seus direitos ameaçados, um grande contra senso, é verdade!

No entanto, imaginando em sua arcaica concepção, ter sido seu pai e a sua mãe, quem lhe criaram antes do seu nascimento, comete um dos maiores pecados que se tem em conta, quando atribui a seres terrestres a capacidade, de poderem criar outros seres, então, são eles Deuses!

O que o ser humano faz, é exatamente, o que faz os répteis, os felinos, os hipopótamos, os cachorros e os vira-latas, ou seja, apenas fornecem-lhes um envoltório corporal, para habitação de seu espírito, "gentilmente ofertado" pelo verdadeiro Criador: DEUS!

O preço e a recompensa para se crer e descrer é o mesmo...

Muito ao contrário do que as pessoas pensam, ser humano normal, ser feliz quando se ganha e triste quando se perde, desejar um bom salário e casar com uma mulher bonita, são aspirações típicas do ser humano comum!

Agora, praticar o amor próximo, acreditar num mundo melhor e numa vida melhor ainda que em outro lugar, antes da modificação terrestre, é tarefa peculiar e missão exclusiva de poucos seres humanos, contados nos dedos!

Todo mundo vive "plugado", Redes Sociais, etc., aliás, por que rede social, se cada um vive sua própria vida muito distante um dos outros, onde está a sociabilidade disso?

Muito bem, todos vivem plugados, Internet, Lap Top, Tablet, PC, IPHONE, Smartphone, etc., quando na minha época, a máquina mais sofisticada era o tal do CP500, hoje, nem no lixo existe mais... mas, essa ilusão da rapidez da tecnologia, apesar de sua inegável utilidade, engana completamente os seres humanos!

Todos esses recursos, são apenas complementos para facilitar a vida normal e não para substituir todo o contexto espiritual da existência. Ainda é onde mora o perigo!

Ao contrário do que pensam, tudo que aí existe, são prerrogativas e facilitadores do mundo, ou seja, encaixam-se no portal de colocação da chamada epistolar e bíblica: "porta larga!"

Facilitadores, depreciadores dos principos da sincera realidade, tudo que existe, são influenciadores da incapacidade para crer e desejar algo melhor!

Em resumo, é fácil viver fácil, impossível viver conforme preceituavam os profetas, os chamados "estraga prazeres", foi por isso que foram mortos no passado e o seriam com certeza mortos no presente se viessem falar a esse povo para abrirem mão do FACE BOOK, e procurassem amar um pouco mais seu semelhante!

CAPÍTULO VINTE E OITO
QUANDO JÁ SE SABE AS RESPOSTAS; REDUZ-SE A COMPLEXIDADE DASPERGUNTAS!

E quais seriam elas tão importantes para serem feitas?!

São aquelas que as encontrei algum recôndito de minha mente e por muitos anos tanto me incomodaram, até que algumas décadas depois, localizei parte delas!

De onde viemos, para onde iremos, por que morremos?!

Eu tinha 12 anos e de fato, desconfiava que a verdade completa, ainda nãome haviam me dito, nem os meus pais, nem minha mãe, muito menos meus professores na escola!

Não por maldade ou por astúcia, mas, por pura ignorância de todas as partes envolvidas!

Nunca consegui olhar em torno e conformar com o que via... desde há mais tenra idade!

Quando eu tinha cerca de 02/03 anos, aliás, nem sei se isso é normal, criança se recordar de detalhes, posteriores quase ao seu nascimento, mas, me recordo de detalhes e pormenores, quando observava o senhor de meia idade, em um terminal de ônibus, com o corpora envolto em bugigangas para venda, sendo escorraçado por um motorista de ônibus, simplesmente por aquele senhor estar obstruindo o trajeto do coletivo, quando ele,o motorista, poderia perfeitamente, se dirigir àquela pessoa de maneira diferente!

Aquele tipo de comportamento já me incomodava sobremaneira!

Eu não achava certo e finalmente, com o passar dos anos, eu tinha razão!

Guardei ainda comigo, tantos defeitos quanto as estrelas de nossa Galáxia, mas, pelo menos nisso, eu tinha razão: a violência, o ódio, a discriminação, o preconceito, etc., só aumenta o abismo que existe entre as classes sociais, as pessoas e posteriormente, entre as almas!

Pergunte-se, então, ao operário, ao empresário mais rico por que ele veio?

Aí haverá sem dúvida, uma perfeita consonância de pensamentos entre as partes, quando soar, em sua cara uma sonora gargalhada!

Quem que quer saber de onde veio?

Mas, deveriam...

"Do ventre da mãe", dirá ainda um menos revoltado!

'Por que vivemos?" pergunte-se a outros e como respostas, logicamente ter-se-á: para ganhar dinheiro, ganhar na loteria, ter um bom salário, criar os filhos, formar famílias, curtir a vida, curtir as baladas, etc., etc.

Dirão outros tantos convictos...

Porém a pergunta que causa ainda mais indiferença e repúdio é essa: "para onde iremos?!"

A resposta nesse caso, em sua grande maioria, não deixa dúvida como pensa a grande maioria da humanidade: "que se dane!"

No entanto, hoje, descobri que as três perguntas, se encaixam perfeitamente como ele de uma corrente e as respostas sui generis, estão igualmente associadas!

É certo, no entanto, que tanto para fazê-las, quanto para respondê-las, não existe critério e boa parte da humanidade, passará em "brancas nuvens" sem dar a mínima, em parte pela falta total de conhecimento, em partes, pela total falta de merecimento e ausência de condição moral, psíquica e mesmo espiritual, para fazer umas e outras!

Mas, umas e outras, observados certos detalhes, já foram previamente, em partes, respondidas por JESUS:

"E havia entre os fariseus um homem, chamado Nicodemos, príncipe dos judeus. Este foi ter de noite com Jesus, e disse-lhe: Rabi, bem sabemos que és Mestre, vindo de Deus; porque ninguém pode fazer estes sinais que tu fazes, se Deus não for com ele. Jesus respondeu, e disse-lhe: Na verdade, na verdade te digo que aquele que não nascer de novo, não pode ver o reino de Deus.

'Disse-lhe Nicodemos: Como pode um homem nascer, sendo velho? Pode, porventura, tornar a entrar no ventre de sua mãe, e nascer? Jesus respondeu: Na verdade, na verdade te digo que aquele que não nascer da água e do Espírito, não pode entrar no reino de Deus. O que é nascido da carne é carne, e o que é nascido do Espírito é espírito. Não te maravilhes de te ter dito: Necessário vos é nascer de novo.

'O vento assopra onde quer, e ouves a

sua voz, mas não sabes de onde vem, nem para onde vai; assim é todo aquele que é nascido do Espírito.

Nicodemos respondeu, e disse-lhe: Como pode ser isso?

Jesus respondeu, e disse-lhe: Tu és mestre de Israel, e não sabes isto? Na verdade, na verdade te digo que nós dizemos o que sabemos, e testificamos o que vimos; e não aceitais o nosso testemunho. Se vos falei de coisas terrestres, e não crestes, como crereis, se vos falar das celestiais?

'Ora, ninguém subiu ao céu, senão o que desceu do céu, o Filho do homem, que está no céu.

E, como Moisés levantou a serpente no deserto, assim importa que o Filho do homem seja levantado;

Para que todo aquele que nele crê não pereça, mas tenha a vida eterna.

Porque Deus amou o mundo de tal maneira que deu o seu Filho unigênito, para que todo aquele que nele crê não pereça, mas tenha a vida eterna.

Porque Deus enviou o seu Filho ao mundo, não para que condenasse o mundo, mas para que o mundo fosse salvo por ele.

'Quem crê nele não é condenado; mas quem não crê já está condenado, porquanto não crê no nome do unigênito Filho de Deus.

E a condenação é esta: Que a luz veio ao mundo, e os homens amaram mais as trevas do que a luz, porque as suas obras eram más. Porque todo aquele que faz o mal odeia a luz, e não vem para a luz, para que as suas obras não sejam reprovadas. Mas quem pratica a verdade vem para a luz, a fim de que as suas obras sejam manifestas, porque são feitas em Deus.

'Depois disto foi Jesus com os seus discípulos para a terra da Judéia; e estava ali com eles, e batizava. Ora, João batizava também em Enom, junto a Salim, porque havia ali muitas águas; e vinham ali, e eram batizados.

Porque ainda João não tinha sido lançado na prisão.

Houve então uma questão entre os discípulos de João e os judeus acerca da purificação.

E foram ter com João, e disseram-lhe: Rabi, aquele que estava contigo além do Jordão, do qual tu deste testemunho, ei-lo batizando, e todos vão ter com ele.

João respondeu, e disse: O homem não pode receber coisa alguma, se não lhe for dada do céu.

'Vós mesmos me sois testemunhas de que disse: Eu não sou o Cristo, mas sou enviado adiante dele.

Aquele que tem a esposa é o esposo; mas o amigo do esposo, que lhe assiste e o ouve, alegra-se muito com a voz do esposo. Assim, pois, já este meu gozo está cumprido. É necessário que ele cresça e que eu diminua. Aquele que vem de cima é sobre todos; aquele que vem da terra é da terra e fala da terra. Aquele que vem do céu é sobre todos. E aquilo que ele viu e ouviu isso testifica; e ninguém aceita o seu testemunho. 'Aquele que aceitou o seu testemunho, esse confirmou que Deus é verdadeiro. Porque aquele que Deus enviou fala as palavras de Deus; pois não lhe dá Deus o Espírito por medida. O Pai ama o Filho, e todas as coisas entregou nas suas mãos.

Aquele que crê no Filho tem a vida eterna; mas aquele que não crê no Filho não verá a vida, mas a ira de Deus sobre ele permanece".
João 3:1-36

No entanto, apesar de Jesus ter respondido ao confuso NICODEMOS, a vida continua e as perguntas também: de onde viemos, por que vivemos, por que morremos?!

Sendo assim, ouso falar e confabular comigo mesmo: viemos deste ou de outro mundo, embora sejamos viajantes do espaço!

Vivemos porque faz-se necessário nesse estado de evolução e

inferioridade, pela dor e ganância, compreendamos , quão pequena e ao mesmo tempo importante é esse complexa vida humana, onde os homens somente se diferenciam nas posições sociais, na aparência física e em suas atitudes, na essência somos todos iguais...

Morremos, para aprender mais, quando nada se aprendeu na vida e dar seguimento a ordem geral do Universo, nascendo novamente, na Terra, permanecendo no espaço ou nas profundezas obscuras existentes pela própria criação dos seres cruéis que insistem em saberem mais que os santos e os profetas que ousam ainda desafiar JESUS, comprando e construindo TEMPLOS de pedras, depositando dinheiro de lágrimas   nos   bancos   da   SUÍÇA   e   se autodenominando "salvadores da humanidade!"

CAPÍTULO VINTE E NOVE

A OBRA OU O CRIADOR?!

Quem antecede a quem?

Mas, que pergunta estúpida, dirão alguns. Lógico que é o Criador que antecede a tudo, particularmente no tocante a tudo que há, a tudo que existe!

A humanidade, hoje, extrapolou!

Após ter devastado o Globo Terrestre, com guerras, destruição das florestas, poluição das águas, morte estúpida do semelhante, proliferação do crime e da maldade, agora, foi muito além!

Eu não posso concordar com isso e vou morrer com esse meu ponto de vista!

Se as forças Divinas permitiu aos homens e as mulheres, apesar de tudo, comerem crime, errarem compulsivamente, etc., é com o único claro e explícito objetivo de demonstrar a bondade infinita da Criação, a capacidade irrestrita da humanidade exercer a bel prazer seu livre arbítrio e acima de tudo a oportunidade, jamais tardia da conciliação com a própria consciência!

Pelo visto, as coisas não estão caminhando a contento ultimamente!

Por esses dias, um acontecimento ocorrido numa pequena cidade dos arrebaldes da

Alemanha, chamada Luxemburgo, um homem, juntamente com outro, vieram a público declarar seu "casamento", segundo eles, não há mais a necessidade de esconder seu amor!

E isso não é bom!

Não é bom, porque você e eu sabemos perfeitamente não ser a forma correta de se chamar "amor", que com esse comportamento esses homens confundem a cabeça das crianças, que a essas alturas, e não tiverem uma orientação, ficarão completamente confusas e a preferência pessoal de um ou outro indivíduo, não pode influenciar na destinação da humanidade!

Qual é a regra da vida no que toca ao nascimento e união?

Homem X Mulher = filho e ponto final.

Logicamente com essa minha opinião e ponto de vista a comunidade GAY, deve ficar bastante revoltada, mas, antes de total revolta, quero deixar claro que os considero meus irmãos, como todos os outros, no entanto, não posso aceitar, a confusão que seu comportamento tem causado nas crianças e nos desavisados...

Não ilustre amigo, não é uma questão de preferência como você assegurou há mais de 30 anos atrás.

É um defeito de caráter!

E somente hoje, depois de tanto tempo, já mais para ir do que para ficar, que ouso expressar minha verdade e na realidade, quantos amigos perderei com isso, mas, fazer o que?

Mas, em qual parte do Livro Sagrado está escrito: " e deixará o homem seu pai e sua mãe e se juntará com seu homem?!"

Ou, "deixará a mulher seu pai e sua mãe e se juntará com sua 'gata?!"

Não está em nenhum lugar meus caros, por não ser a forma correta de constituir família, gerar "rebentos" e traduzir o real significado de paixão e amor!

Uns dirão: "mas, eu optei por isso!"

Optou meu caro e minha cara, porque a matéria, o materialismo, o sexo, a sensualidade, a orgia, etc., invadiu sua alma e mais não faz, agindo assim, que ser joguete dos espíritos "íncubos e súcubos", a que se referia Santo Agostinho, quando de sua estadia nesse mundo!

Os ladrões, os traficantes, os desonestos, etc., criados desde tenra idade, nesse meio, acham muito normal mesmo, essa espécie de comportamento, tanto é que muito recentemente o F.B.M., declarou ao Juiz que o Interrogava que não era traficante e sim "comerciante de drogas!"

Logicamente, ele usou desse expediente para satirizar a Justiça brasileira, mas, na realidade, outras há, que pensam realmente assim, pois, não conhecem outros meios de vida e sua concepção em relação a humanidade, é sim, estereotipada!

Mesma regra para o ladrão!

Imagine-se um propaganda no estilo: "venha roubar também e traficar a vida é muito mais fácil!"

Para quem é do ramo, até possa ser, mas, no geral as coisas não são assim, quiçá no que diz respeito a uma coisa tão grave o quanto é a sexualidade de uma criança!

O que acontece, é que as pessoas normais, ficam horrorizadas, ficam mesmo enojadas, mas, como não tem tempo o suficiente para escrever e nem coragem o bastante para afrontar, preferem ficar à margem e rir às escâncaras sobre o caso, quando na realidade, estão escandalizadas por dentro!

Mas, retomando: "quem tema prerrogativa? A criação produto de derivado ou o Criador, Senhor Gerador de tudo?!"

O bom senso responderá, se a o egoísmo, a covardia, não vier antes...

No entanto, não sou contra ninguém!

Cada um deve exercer seu livre arbítrio e usufruir de sua existência como melhor lhe convier, entretanto, não se deve esquecer, quer queiram quer não, vão ter que prestar contas de sua atitude, de seu exemplo e de sua conversão!

www.ingramcontent.com/pod-product-compliance
Lightning Source LLC
Chambersburg PA
CBHW020855180526
45163CB00007B/2510